I 厨房

享受吧，
早午餐

杨桃美食编辑部 主编

江苏凤凰科学技术出版社　凤凰含章

早午餐 生活的慢节奏

一支好的乐曲，往往有高潮，也有低谷，只有这样才能构成一支完整的曲子。我们的生活也是如此，既有匆匆忙忙的时候，也有温柔和缓的时候，同样我们不可能随时随地"战斗力"十足，有时我们也需要停下来休息，周末的早午餐就为我们提供了一个难得的休闲时光。

早午餐，顾名思义，就是把早餐和午餐合起来一起吃。随着早午餐的兴起，一些主题为休闲、温馨的早午餐餐厅应运而生，它们的营业时间通常从早上10点到下午3点。因此，外国人常常把它叫作"sundaybrunch"（星期天早午餐）。

对大多数传统的中国人来说，一日三餐是惯例，早午餐是不可接受的概念。但现代社会的快速发展，使我们的作息规律发生了变化，对于忙碌的上班族来说，偶尔的放纵也许并不是一件坏事，它可以让人的身体和精神得到充分休息和彻底放松。因此，早午餐逐渐开始被一部分人所接受。

目前，在中国的一些大城市，有一些餐厅为了迎合都市人饮食习惯的变化，推出了周日早午餐，它不仅是一种吃饭的方式，而且也是人们周末的一种休闲生活方式。

当下中国的早午餐餐厅数量还比较少，主要集中在北京、上海等大城市，并且这些餐厅一般都属于高档餐厅，价格昂贵，一般的上班族并没有足够的经济实力去经常光顾这些餐厅。对于一般的上班族而言，自己动手制作一顿早午餐不失为一个好的办法，既省钱，又能享受难得的休闲时光。

在快节奏的都市生活中，人们只有在周日或者假期才能好好地享受一番。在假期中睡个懒觉，醒来时已经快到中午，伸伸懒腰，去厨房给自己做上一份早午餐。不紧不慢地享受着美食，度过这惬意的假期。

目录

主菜的魅力
简单的世界

面条的精彩
由我做主

面点的滋味
幸福的味道

粥的温度
温暖的滋味

单位换算

固体类 / 油脂类

1茶匙 ≈5克　　1大匙 ≈ 15克　　1小匙 ≈ 5克

液体类

1茶匙 ≈ 5毫升　　1大匙 ≈ 15毫升　　1小匙 ≈ 5毫升　　1杯 ≈ 240毫升

主菜的魅力
简单的世界

用一顿美味的早午餐开启美好的周末生活，约上三五位好友来家里做客，沉浸在厨房的烟火之中，享受着朋友聚会带来的快乐，在嬉闹之中成就一顿美味的早午餐，这时似乎吃什么已经不重要了，重要的是相聚的美好；或独自一人徘徊在厨房里，倒上一杯热茶，放上一支淡淡的钢琴曲，优雅而闲适，然后亲自动手准备一份早午餐，时间、空间仿佛在这一刻停止。

主菜 周末的狂欢

快节奏的生活使得人们每天匆匆忙忙地上班、下班，吃饭更是匆匆忙忙，一份快餐便是全部，没有时间细细品味，也没有时间讨论它好吃与否，更多的时候，好像人们吃饭只是为了解决生存问题。而只有在周末的时候，回到家里，关上门窗，走进属于自己的世界，才能卸下所有的包袱。因此，周末的早午餐早已超出了吃饭的范畴，而成了人们放松心情的一种方式。

其实，"早午餐"出现的时间很早，和下午茶一样，都是由有大量时间和精力的英国贵族所发明。在100多年前的英国，越是有身份、有地位的人用早餐的时间越晚，他们往往在清晨狩猎完成后，回到乡下的庄园，一边享受迟到的早餐，一边或静静读书，或互相聊天，并分享打猎的收获，一直到下午。可以看出，从那时开始，早午餐就是一种休闲生活方式。

周末的时候，我们沉浸在自己的世界里，随意地窝在角落里，可以不用勤奋，把自己变成一个"懒人"，在这时，我们可以选择忘记，忘记工作的压力，忘记生活的烦恼，享受简单生活带来的快乐。然后，约上三五好友，当然也可以是一个人，逛一趟超市，在货架间尽情地选购自己所需的食材。人们总说，不开心的时候逛街是最好的解决办法，在购物的时候，似乎所有的烦恼都消失不见了。回到家之后，看着满桌的食材，大家你一言、我一语讨论着我们该做什么，清洗食材、开火烹饪，我们沉浸在厨房的快乐中。当一盘盘的美食端上桌之后，我们惊喜，原来我们也能做出如此美味佳肴。

作为早午餐主角的主菜就成了必不可少的存在。在中餐里，主菜一般是指热菜，多以各地的特色菜为主。比如宫保鸡丁、鱼香肉丝、夫妻肺片，或是酱烧鱼头、滑蛋虾仁、清蒸鲈鱼，亦或是红烧牛肉、麻婆豆腐、梅干菜扣肉……人们用各种新鲜的食材，经过巧手变换，呈现出丰盛的菜品，每道菜品都有其独特的风味，因而受到人们的青睐。

随着我们生活节奏的不断加快，人们或许已经遗忘逢年过节或宴请亲朋时的那种盛况，有时我们不妨停下脚步，忘掉所有烦恼和琐事，随心所欲，任由自己暂时的"任性"，跟随自己的心走，陶醉在菜香浓浓的厨房里，容许自己远离尘嚣，掌控时间的遥控器，享受周末狂欢带来的疯狂。

震撼人心的力量：
宫保鸡丁

宫保鸡丁是一道经典菜品，也是一道流传很广的菜品。最早是由清朝的山东巡抚、四川总督丁宝桢所创，他喜欢吃鸡肉和花生仁。在山东任巡抚时把鲁菜的"酱爆鸡丁"改为辣炒，同时加入花生仁，然后下锅爆炒。后来他在任四川总督时，就把将这道菜推广开来，因他被追封为"太子太保"，而"太子太保"是宫保之一，后人为了纪念他，就把这道菜叫作"宫保鸡丁"。

材料 Ingredient

鸡胸肉	120 克
葱	1 根
蒜	3 瓣
干辣椒	10 克
熟花生仁	10 克
食用油	适量

调料 Seasoning

盐	4 克
白糖	适量
花椒	少许
酱油	1 小匙
米酒	适量
白醋	1 小匙
水淀粉	适量
香油	适量

做法 Recipe

1. 鸡胸肉洗净，去骨、去皮后切丁，放入酱油和水淀粉腌 10 分钟；葱洗净，切段；蒜切片；干辣椒洗净切段，备用。

2. 取一炒锅，锅烧热后，倒入适量食用油烧热，放入腌好的鸡胸肉丁炸熟捞起。

3. 炒锅内留少许食用油，放入葱段、蒜片、干辣椒段与花椒炒香，加入炸好的鸡胸肉丁与盐、白糖、酱油、米酒、白醋拌炒均匀，起锅前放入熟花生仁，淋上香油拌匀即可。

小贴士 Tips

+ 鸡胸肉腌好后，可以直接炒制，也可以下锅炸制，根据个人口味决定。
+ 宫保鸡丁口味偏甜，但糖的多少可根据个人口味来调整。

食材特点 Characteristics

蒜：抗菌消炎，能有效抑制并杀灭多种球菌、真菌和病毒，可以促进新陈代谢、预防感冒，并有降血压、降血糖的作用。

花生仁：含有蛋白质、脂肪、糖类、多种维生素以及钙、铁等人体所需营养素，可促进人的脑细胞发育，有增强记忆力的作用。

酱满人间皆是香：

酱爆鸡丁

酱爆是一种制作菜肴的方法。中国已有几千年的制酱历史，孔子曾说"不得其酱不食"。北京菜和鲁菜中经常使用酱爆的方法制作菜肴，尤其是北京菜，可谓"无酱不成菜"。"酱爆鸡丁"作为北京酱爆菜的魁首，主要选用北京特有的黄酱，制作出来的酱爆鸡丁色、香、味俱全，令人食之难忘。

材料 Ingredient

鸡胸肉	150 克
青椒	15 克
洋葱	30 克
竹笋	50 克
红辣椒	1/2 个
蒜末	适量
水	适量
食用油	适量

调料 Seasoning

盐	3 克
白糖	3 克
甜面酱	适量
水淀粉	适量
酱油	1 小匙
米酒	适量

做法 Recipe

❶ 青椒、洋葱、竹笋洗净切丁；红辣椒洗净切片。

❷ 鸡胸肉洗净，去皮切丁，加入盐、米酒、水淀粉腌渍约 10 分钟，备用。

❸ 取一炒锅烧热，加入适量食用油，然后放入腌好的鸡胸肉丁以大火炒至肉色变白后盛出，备用。

❹ 原锅再放入少许食用油，放入蒜末及做法 1 的所有食材，以小火略炒香，再加入甜面酱、白糖、酱油、水，以小火炒至汤汁收浓，最后放入鸡丁，大火快炒至汤汁收干即可。

小贴士 Tips

➕ 无论是鸡丁或是鸡丝，在放入油锅炒制之前，可先拌炒或过油，将生肉炒至变白后，再加入调料或与其他材料一起烹饪，这样鸡丁或鸡丝的口感更滑嫩。

食材特点 Characteristics

竹笋：性寒，味甘，含有大量膳食纤维、植物蛋白，可促进肠道蠕动、开胃健脾、增强人体免疫力。

红辣椒：含有胡萝卜素、钙、铁以及多种维生素等人体所需物质，还可用于杀菌、调味、防腐、祛寒。

京酱肉丝

平淡之中的温暖：

京酱肉丝这道北京名菜起源于 20 世纪 30 年代。当时，一位老人为了满足自己孙子想吃烤鸭的愿望，用猪肉、豆酱、豆腐皮制作出了一道以假乱真的"烤鸭"，没想到这道菜品不是烤鸭却胜似烤鸭，它酱香浓郁、风味独特，很快就传播开来，成了一道人人都喜欢的名菜。

材料 Ingredient

猪里脊	150 克
黄瓜	1 根
水	50 毫升
食用油	适量

调料 Seasoning

盐	3 克
白糖	10 克
甜面酱	适量
番茄酱	适量
香油	1 小匙
水淀粉	适量

做法 Recipe

❶ 黄瓜洗净切丝，均匀地摆放在盘中，备用。

❷ 猪里脊洗净切丝，放入碗中，加入水淀粉抓匀备用。

❸ 取一炒锅烧热，倒入适量食用油，放入猪肉丝以中火炒至肉丝变白，加入盐、水、甜面酱、番茄酱及白糖，持续炒至汤汁略收干，以水淀粉水勾芡，最后淋入香油，盛出放在黄瓜丝上即可。

小贴士 Tips

➕ 炒肉制品可搭配带有水果酸的番茄酱，除了好吃之外，番茄的酸能让肉的纤维变柔软，同时使肉含有更多的水分，这样可以使肉质更鲜嫩。

食材特点 Characteristics

黄瓜：富含蛋白质、糖类、胡萝卜素以及多种维生素等人体所需营养物质，有清热利水，除烦止渴的作用，还可用于美容、减肥。

猪里脊：肉质鲜嫩，易消化，含有优质蛋白质、脂肪、维生素等人体所需营养物质，具有滋阴润燥、补肾养血的功效。

年年有余:
糖醋鱼块

糖醋鱼块可以说是一道年节菜，"鱼"谐音"余"，即年年有余，预示着来年生活美满。糖醋鱼块也是爸爸的拿手菜，每逢过年过节，爸爸都会做给我们吃。它不仅美味，而且做法简单，几乎每个人都能掌握，食材购买也很方便，可以选择鲤鱼、草鱼等，也可选择七星鲈鱼等，全凭个人意愿，做出来均十分美味。

材料 Ingredient

七星鲈鱼	1/2 条
洋葱	50 克
红甜椒	20 克
青椒	20 克
食用油	适量
水	适量

调料 Seasoning

盐	1/2 小匙
白糖	1 小匙
白醋	适量
番茄酱	适量
水淀粉	适量

腌料 Marinade

盐	适量
胡椒粉	适量
淀粉	适量
香油	适量

裹粉料

淀粉	适量
蛋液	适量

做法 Recipe

1. 七星鲈鱼去骨洗净，取半边鱼肉，将鱼肉切小块，加入所有腌料拌匀，静置约 5 分钟，备用。

2. 青椒、红甜椒、洋葱洗净切三角块，备用。

3. 将鱼块加入淀粉和蛋液拌匀混合后，再沾上淀粉，备用。

4. 取一炒锅，锅烧热，加入适量食用油，再放入鱼块用小火炸约 2 分钟，捞出，用大火炸约 30 秒，捞起沥干油盛出，备用。

5. 重新热锅，倒入少许食用油，将做法 2 的材料略炒，放入盐、白糖、白醋、番茄酱和适量的水炒匀，再放入炸鱼块拌炒匀，起锅前加入水淀粉勾芡即可。

怀念美好：

粉蒸排骨

　　猪排骨味道鲜浓、口感丰满，可以做出多种美食，像平时吃惯的糖醋排骨、红烧排骨、粉蒸排骨等。这道菜肴做法简单，所需的食材不是很多，做好后的排骨软嫩爽口，香味十足，特别是酱料用料丰富，口味层次感强。对于我们家来说，一般吃粥的时候都会搭配这道粉蒸排骨，软糯的香粥搭配上醇香的排骨，不是一般的享受。

材料 Ingredient	
猪排骨	300 克
芋头	100 克
葱花	20 克
姜末	20 克
水	100 毫升

调料 Seasoning	
盐	3 克
蒸肉粉	100 克
白糖	适量
豆瓣酱	适量
甜面酱	适量
豆腐乳	适量
辣油	适量
酱油	1 小匙
米酒	适量

做法 Recipe

① 将猪排骨洗净斩块；芋头去皮洗净切块，备用。

② 取一容器放入所有调料拌匀，再放入猪排骨块、芋头块。

③ 最后将做法 2 放入蒸锅中蒸约 1 小时取出，再撒上葱花、姜末即可。

小贴士 Tips

＋ 猪排骨与芋头相比，不易熟，因此，猪排骨可以事先初步煮熟，可采用水汆烫或油炸制的方法。

森林聚会：

百合烩鲜蔬

　　鲜嫩的百合，碧绿的西蓝花，红艳艳的胡萝卜，珠圆玉润的白果，柔软的蟹味菇，一盘百合烩鲜蔬红红绿绿的，仿佛将一片森林搬到了餐桌上。这些颜色各异、营养丰富的蔬菜经过简单的涤烫、烩炒，依然保持鲜艳光泽，光是看着就让人胃口大开。若是再配上米饭或素面，绝对是素食主义者的最爱。

材料 Ingredient

西蓝花	1 大颗
新鲜百合	1 朵
白果	35 克
蟹味菇	1 盒
胡萝卜	少许
葱	1 根
生姜	少许
食用油	适量
高汤	250 毫升

调料 Seasoning

A：	
盐	1/2 小匙
鸡粉	1/2 小匙
米酒	适量
水淀粉	适量
B：	
香油	少许

做法 Recipe

❶ 白果、蟹味菇分别洗净，汆烫至熟；胡萝卜去皮洗净切条，汆烫至熟；新鲜百合剥开后洗净；葱洗净切段；生姜洗净切小片。

❷ 取一锅水煮沸后，加入适量的盐，将西蓝花切小朵洗净，放入沸水中汆烫至熟后捞出装盘。

❸ 取一炒锅烧热，放入适量的食用油，将葱段、姜片入锅爆香，再加入白果、百合炒约 2 分钟后，加入鸿禧菇、胡萝卜条及高汤。

❹ 待汤汁沸腾后，加入调料 A 拌匀，起锅前淋上香油，盛入盘中即可。

小贴士 Tips

➕ 菜品中使用了高汤，如果没有高汤，也可以使用清水，但味道不如高汤做出的菜鲜美。

➕ 蔬菜提前汆烫至熟，这样在烹制时，不仅可以节省烹制的时间，还可以使蔬菜更入味。

食材特点 Characteristics

西蓝花：营养价值高，被誉为"蔬菜皇冠"，含有蛋白质、矿物质、维生素和胡萝卜素等人体所需物质，可以有效降低癌症、心脏病和脑卒中的发病率。

胡萝卜：味甘，营养丰富，有"东方小人参"之称，有清热解毒、养肝明目、增强免疫力等多种功效。

鱼中极品：

红烧鱼

　　红烧鱼是最家常的一道鱼制品，鲤鱼、草鱼、鲫鱼等皆可做红烧鱼，都具有肉质细嫩、营养丰富的特点，可以根据个人喜好进行选择。红烧鱼做起来并不难，成功的关键是对火候的掌握，并且鱼入锅后不要不停地翻动，否则鱼肉容易碎，影响外观。掌握了以上两点，就可以做出色、香、味俱全的红烧鱼了。

材料 Ingredient

鲤鱼	600 克
葱段	20 克
姜丝	15 克
红辣椒片	10 克
水	250 毫升
干面粉	少许
食用油	适量
水	150 毫升

调料 Seasoning

盐	1/2 小匙
白糖	适量
乌醋	适量
酱油	1 小匙

腌料 Marinade

盐	适量
姜片	10 克
葱段	10 克
米酒	适量

做法 Recipe

❶ 鲤鱼处理洗净后，加入所有腌料，腌约 15 分钟，然后将鱼拭干抹上少许干面粉。

❷ 热锅，倒入适量的食用油，待油热至 160℃时，放入鱼炸约 3 分钟，取出沥干备用。

❸ 原锅中留少许食用油，放入姜丝、葱段、红辣椒片爆香，加入所有调料煮沸，最后放入鱼烧煮入味即可。

小贴士 Tips

➕ 炸鱼时要注意方法，切记鱼不是炸熟的，而是用油浇熟的。

食材特点 Characteristics

红辣椒：味辛香，可调味，可去腥，含有丰富的维生素，营养价值很高，具有御寒、增进食欲与杀菌、防腐的功效。

乌醋：味酸甜且不涩，呈棕黑色，用于调味，制作原料为优质糯米、高级红曲、特等芝麻及白糖等。

别样美味：
三杯鸡

　　三杯鸡发源于江西，其中具有代表性的有南昌三杯鸡、宁都三杯鸡和万载三杯鸡。因为它烹制时用米酒一杯、猪油一杯、酱油一杯代替汤水，故名三杯鸡。三杯鸡具有色泽红亮、香气外溢、原汁原味的特点，是一道名副其实的经典美味，2008 年北京奥运会时，这道菜还被列入奥运主菜单。

材料 Ingredient

土鸡	1/4 只
老姜	100 克
蒜	40 克
罗勒	50 克
红辣椒	适量
食用油	适量

调料 Seasoning

盐	1/2 小匙
白糖	适量
鸡粉	1/2 小匙
胡麻油	适量
米酒	适量
酱油	1 小匙

腌料 Marinade

盐	适量
酱油	适量
白糖	适量
淀粉	适量

做法 Recipe

❶ 老姜洗净去皮，切成片；蒜去皮，切去两头；罗勒挑去老梗、洗净；红辣椒洗净，对剖切段；鸡肉剁小块，洗净沥干，加入腌料拌匀，备用。

❷ 取一炒锅，加入适量食用油，放入姜片及蒜分别炸至金黄后盛出。

❸ 原锅中留少许食用油，用中火将腌好的鸡肉煎至两面金黄后盛出沥油，备用。

❹ 再取一锅，放入胡麻油，加入姜片、蒜用小火略炒香，再加入其余调料及鸡肉翻炒均匀。

❺ 转小火，盖上锅盖，每 2.5 分钟开盖翻炒一次，炒至汤汁收干，起锅前加入罗勒、红辣椒片，炒至罗勒略软即可。

小贴士 Tips

✚ 切记米酒只用米酒水，需过滤掉米粒。

食材特点 Characteristics

土鸡：是指放养在山林、果园的鸡，肉质结实鲜美，营养丰富，含有丰富的蛋白质、氨基酸和微量元素，是滋补身体的上佳选择。

老姜：又叫姜母，收获时节为立秋之后，味辛辣，且与新姜相比皮厚肉坚，能做中药，具有温肺止咳、散寒解毒等功效。

川菜之魂：
回锅肉

回锅肉是一道传统川菜，被誉为"川菜之首"，在川渝地区几乎家家户户都能制作，川菜考级也把回锅肉作为首选菜肴，可见回锅肉在川菜中的重要地位。相传，回锅肉是由清末成都一位宦途失意的翰林所创，因肉质鲜嫩、香味浓郁而受到当地人的喜欢。后来因川菜在全国范围内广泛流行，作为川菜经典的回锅肉也因此名扬四海。

材料 Ingredient

猪五花肉	200 克
青椒片	50 克
洋葱片	50 克
姜片	30 克
葱片	30 克
干辣椒段	30 克
黑木耳片	20 克
食用油	适量

调料 Seasoning

盐	1/2 小匙
白糖	适量
豆瓣酱	1 茶匙
甜面酱	适量
米酒	适量
水淀粉	适量

做法 Recipe

❶ 将猪五花肉放入沸水中煮熟后，取出放凉切片，备用。

❷ 取一炒锅，放入少许油，油热后，放入葱片、姜片爆香，再放入其余材料炒匀。

❸ 最后放入所有调料拌炒入味即可。

小贴士 Tips

✚ 猪五花肉煮熟后，可放入冷水中，让其迅速降温定型，这样可以保持其紧致的口感。

✚ 回锅肉的肉片切成大约 0.2 厘米厚的薄片，太厚或太薄都会影响回锅肉的口感。

食材特点 Characteristics

猪五花肉：位于猪腹部，脂肪多且夹带肌肉组织，因而呈现出肥瘦相间的特点，蛋白质含量高，营养丰富且易于消化。

洋葱：富含维生素、叶酸、钾、锌等物质，还含有槲皮素和前列腺素 A 这两种特殊的营养物质，使洋葱的营养价值更高，具有预防癌症、杀菌、抗感冒等功效。

美食无国界：
左宗棠鸡

左宗棠鸡，由湘菜名厨彭长贵在 20 世纪 70 年代发明，但他只是托名左宗棠，其实这道菜与左宗棠并没有关系。它表面上是湘菜，但实际上这道菜的底子是淮扬菜，是融合了多家菜系的创新中国菜。后来彭长贵去美国发展，又把这道菜带到美国，成为美国人的认知中最著名的中国菜之一。

材料 Ingredient

鸡腿	450 克
红辣椒	5 个
姜末	30 克
蒜末	30 克
水	适量
食用油	适量

腌料 Marinade

胡椒粉	适量
淀粉	适量
酱油	适量
香油	适量
米酒	适量

调料 Seasoning

盐	1/2 小匙
番茄酱	适量
白糖	适量
酱油	1 小匙
米酒	适量
镇江醋	适量
香油	1 小匙
辣油	适量
水淀粉	适量

做法 Recipe

❶ 将鸡腿去骨洗净剁成块状，加入所有腌料腌约 10 分钟，然后用 160℃左右的油温小火炸熟，起锅前再用大火逼油，捞起备用。

❷ 将红辣椒洗净，对剖去籽，再放入油温为 140℃左右的油锅中炸干，备用。

❸ 取一锅烧热，倒入适量的食用油，放入姜末、蒜末爆香，再加入鸡腿块、红辣椒拌炒均匀，再放入所有调料炒香即可。

小贴士 Tips

➕ 虽然正宗的湘菜并不使用番茄酱，但加入番茄酱可以使菜品的颜色更加漂亮。

➕ 添加镇江醋的目的是为了给食物提鲜。

食材特点 Characteristics

鸡腿：肉质鲜嫩，营养丰富，蛋白质含量高，脂肪含量低，易消化，有增强体力、健脾益胃的作用。

米酒：又叫酒酿，含有多种维生素、氨基酸以及钙、磷、钾等矿物质，营养丰富，老少皆宜，有活气血、开胃、滋阴等功效。

乡土菜的精品：

梅干菜扣肉

梅干菜扣肉是我国的一道别具特色的传统菜肴，主要食材是带皮的五花肉和梅干菜。这道菜做法简单，是平常人家逢年过节、招待亲友的必备美食。一碗成功的梅干菜扣肉可以将肉汁的鲜味与梅干菜的香味融合得恰到好处，尝起来醇香鲜美，肉质肥而不腻，令人食之不忘。

材料 Ingredient

A:

猪五花肉	500 克
梅干菜	250 克
香菜	少许
食用油	适量

B:

蒜末	5 克
姜末	5 克
辣椒碎	5 克

调料 Seasoning

A:

盐	1/2 小匙
鸡粉	1/2 小匙
白糖	适量
米酒	适量

B:

盐	1 小匙
酱油	1 茶匙

做法 Recipe

1. 梅干菜用水浸泡约 5 分钟后，洗净切小段备用。
2. 取一炒锅烧热，加入适量食用油，爆香材料 B，再放入梅干菜段翻炒，并加入调料 A 炒匀，取出备用。
3. 猪五花肉洗净，放入沸水中余烫约 20 分钟，然后取出待凉后切片，再与调料 B 拌匀，腌约 5 分钟。
4. 取一炒锅烧热，加入适量食用油，将猪五花肉片炒香备用。
5. 取一扣碗，放入猪五花肉片，上面再放上梅干菜并压紧，最后盖上保鲜膜。
6. 将做法 5 放入蒸笼中，蒸约 2 小时后取出倒扣于盘中，最后加入少许香菜即可。

小贴士 Tips

+ 猪五花肉切片时，应尽量保持大小、厚薄相同，这样既能保证肉片口感一致，又可使成品更加美观。

食材特点 Characteristics

白糖: 味甘，色白，主要制作原料为甘蔗和甜菜，可用于调味，具有生津润肺、清热化痰、止咳缓急的功效。

香菜: 可作蔬菜，也可作调香料，含有多种维生素、矿物质，具有和胃调中、治疗感冒、祛除寒气等功效。

咆哮的肉丸：
红烧狮子头

　　红烧狮子头是淮扬菜的经典名菜，起源于扬州。红烧狮子头的前身是一道叫作葵花斩肉的菜，相传，隋炀帝为了纪念扬州名景，命御厨以扬州四大名景为题做菜，于是就有了葵花斩肉等四道菜，到了唐代，郇国公韦陟看到"葵花斩肉"里，用肉团子做成的葵花心就像雄狮的头，便将葵花斩肉改名为"狮子头"。

材料 Ingredient

猪绞肉	500 克
大白菜	100 克
荸荠	80 克
生姜	30 克
葱白	2 根
姜	3 片
葱花	20 克
鸡蛋	1 个
淀粉	适量
水	适量

调料 Seasoning

盐	1/2 小匙
白糖	适量
酱油	1 小匙
绍兴酒	适量
卤汁	适量

做法 Recipe

1. 将荸荠洗净切末；生姜洗净、去皮、切末；葱白洗净切段，加水打成汁后，过滤去渣。
2. 猪绞肉与盐混合，摔打搅拌至胶黏状。
3. 再加入鸡蛋、荸荠末、姜末、葱白汁，以及除卤汁外的调料，搅拌摔打。
4. 然后加入淀粉拌匀，再平均分成 10 颗肉丸状。
5. 备一锅热油，将肉丸放入油锅中炸至表面金黄后捞出；再取一锅，先放入卤汁，再放入炸过的肉丸和姜片，以小火炖煮约 2 小时；最后将大白菜洗净，放入滚水中汆烫，然后捞起沥干，放入肉丸中，撒上葱花即可。

小贴士 Tips

- 做狮子头必须要 3 成肥 7 成瘦或 4 成肥 6 成瘦且最好没有筋膜的猪肉，并注意要切丁而不是斩肉泥。

豆腐传人间：
麻婆豆腐

豆腐传人间：

麻婆豆腐大约发明于清朝同治年间，相传发明人是一个刘姓女子，她的夫家姓陈，人称"陈刘氏"。因陈刘氏脸上有麻点，又被叫作陈麻婆，因此，她发明的这道菜就被称为"陈麻婆豆腐"。到清末，这道菜已经成为成都的一道名菜，曾有诗描述道："麻婆陈氏尚传名，豆腐烘来味最精，万福桥边帘影动，合沽春酒醉先生。"

材料 Ingredient

南豆腐	200 克
猪绞肉	10 克
蒜末	20 克
葱花	20 克
姜末	10 克
红辣椒	适量
食用油	适量

调料 Seasoning

花椒	10 克
豆瓣酱	适量
酱油	适量
米酒	适量
水淀粉	适量

做法 Recipe

1 红辣椒洗净，沥干备用；南豆腐切块备用；猪绞肉用酱油、米酒腌制 10 分钟，备用。

2 取一炒锅，锅中放入适量的食用油烧热，将切好的南豆腐放入油锅炸至金黄，捞出备用。

3 原锅内留少许油，放入腌好的猪绞肉、蒜末、葱花、姜末、豆瓣酱、花椒、红辣椒爆香，然后加入酱油煮至入味。

4 待做法 3 煮滚后，再放入豆腐块，焖煮入味后，最后加入水淀粉勾芡即可。

热情似火：

水煮牛肉

　　水煮牛肉是喜欢吃辣的人不容错过的一道美味，那滑嫩的牛肉，想起来就叫人直流口水。水煮牛肉的发明者是四川自贡名厨范吉安，这道菜麻辣鲜香、香味浓烈、油而不腻，将川菜麻、辣、烫的特点表现得淋漓尽致，是一道典型的川菜，曾经还被选入《中国菜谱》，奠定了它在川菜中不可动摇的地位。

材料 Ingredient

A:
牛肉	200 克
葱花	20 克
食用油	适量
水	400 毫升

B:
粉条	50 克
腐竹	50 克
蒜苗	50 克
金针菇	50 克
黄豆芽	50 克
黑木耳	50 克
芥蓝	50 克

调料 Seasoning

盐	1/2 小匙
白糖	适量
豆瓣酱	适量
花椒粉	5 克
辣椒油	适量
红油汤	600 毫升

腌料 Marinade

鸡蛋	1 个
淀粉	适量

做法 Recipe

❶ 将材料 B 进行清洗、沥干，然后将腐竹、蒜苗、黑木耳、芥蓝均切块备用。

❷ 牛肉洗净后切片，放入腌料拌匀腌制，备用。

❸ 取一锅，加入少许食用油烧热，放入花椒粉略炒，再放入水和所有调料煮滚。

❹ 依序将材料 B 放入锅中，再放入牛肉片煮熟。

❺ 最后放上葱花即可。

经典美味吃不够：
辣子鸡丁

我是一个无辣不欢的人，川菜自然也是我的最爱，最喜欢的就是爸爸做的辣子鸡丁。小时候，每当爸爸做这道菜时，我都会站在旁边急切地等待着。爸爸曾说，吃辣子鸡丁最大的乐趣就是在一盘辣椒中寻找鸡丁。辣椒在这里不是主料却胜似主料，麻辣鲜香，食之难忘。

材料 Ingredient		腌料 Marinade	
鸡胸肉	300 克	盐	1/2 小匙
干红辣椒	80 克	白糖	适量
葱	2 根	酱油	适量
蒜末	少许	淀粉	适量
食用油	适量		

调料 Seasoning	
盐	适量
白糖	适量

做法 Recipe

❶ 将鸡胸肉洗净沥干，然后剁丁，加入所有腌料腌15 分钟；干红辣椒切段泡水，洗净沥干；葱洗净切段，备用。

❷ 取锅，倒入适量的食用油烧热，将腌好的鸡胸肉丁过油，炸至表面金黄后捞出。

❸ 原锅中留少许食用油，放入蒜末、干红辣椒段用小火炒约 1 分钟，再放入葱段，用小火炒约 2 分钟。

❹ 续放入炸过的鸡胸肉丁，再加入盐和白糖炒匀即可。

小贴士 Tips

✚ 鸡胸肉经过炸制，一方面可以让肉定型，另一方面可以使肉质更加鲜美。

✚ 辣椒的数量可根据个人的口味进行添加。

食材特点 Characteristics

鸡胸肉：含有蛋白质、磷脂等对人体有益的营养成分，易被人体消化吸收，且有改善记忆力的作用。

干红辣椒：红辣椒的干制品，可以保存很长时间，具有健胃消食、降血压、预防胃溃疡的功效。

香飘万家:

鱼香茄子

　　鱼香茄子是我们经常吃到的一道菜品,可是却很少有人知道它为什么叫鱼香茄子。据说,是一位妇人偶然间把平时吃鱼剩下来的材料与茄子同煮,意外地发明了这道菜,因此得名鱼香茄子。后来经过不断改进,并为了配合鱼香之名,将茄子切成长条状或在其表面用刀划出鱼鳞状,使茄子的外形似鱼块,与鱼香味相得益彰,这也为这道菜增添了不少典故。

材料 Ingredient

茄子	2 条
猪绞肉	100 克
葱末	适量
姜末	适量
蒜末	适量
葱花	适量
食用油	适量
水	适量

调料 Seasoning

A:

豆瓣酱	适量
香油	1 小匙

B:

白糖	适量
酱油	1 小匙
醋	适量
米酒	1 小匙
水淀粉	适量

做法 Recipe

❶ 茄子洗净,切长段泡水备用。

❷ 起油锅烧热,放入茄子段炸软,捞起沥油备用。

❸ 锅中留少许油,用大火爆香葱末、姜末、蒜片及猪绞肉,然后加入豆瓣酱炒香。

❹ 放入调料 B 和水煮沸,再加入茄子段拌炒均匀。

❺ 起锅前加入少许香油及葱花即可。

小贴士 Tips

✚ 一定要用小火炒豆瓣酱,如果用大火炒容易炒煳。

✚ 一般选用紫红长茄,其口感较细嫩。另外,由于茄子皮里面含有丰富的 B 族维生素,这种维生素可以支持维生素 C 的代谢,促进人体对维生素 C 的吸收。因此,吃茄子最好不要削皮。

食材特点 Characteristics

茄子:具有活血祛淤、清热消肿、解痛利尿及防止血管破裂、平衡血压、止咯血等功效,与肉同食,可起到补血、稳定血压的效果,还可预防紫癜。

蒜:味辛辣,可用于调味,营养丰富,具有健胃消食、杀菌、预防感冒、护肝等功效。但外用会使皮肤发红、灼热,因此,皮肤易过敏者慎用。

市井美食：

夫妻肺片

夫妻肺片产生于市井之间，"肺片"即"废片"，是指牛杂碎的边角料。早在清末，成都街头有许多提篮、挑担卖凉拌"废片"的小贩，后来一家郭姓夫妇制作的凉拌"废片"因精细讲究、风味独特而出名，再加上配合默契，就被称为"夫妻废片"，再后来因机缘巧合，"夫妻废片"改成了"夫妻肺片"。

材料 Ingredient

A:
牛肚	100 克
牛舌	100 克
牛心	100 克
牛腱	100 克

B:
葱	4 根
生姜	1 个
八角	适量
甘草	适量
肉桂	适量
干辣椒	适量
草果	适量
丁香	适量

C:
白芝麻	5 克

葱丝	适量
红辣椒丝	适量
食用油	适量
水	适量

调料 Seasoning

A:
盐	1/2 小匙
白糖	适量
酱油	适量
绍兴酒	适量
花椒	5 克

B:
香油	1 小匙
辣油	适量
卤水	适量
镇江醋	适量

做法 Recipe

❶ 将材料 A 洗净，然后焯水备用。

❷ 取一炒锅，将材料 B、花椒爆香后，倒入适量的水，水煮开后，再加入除花椒外的调料 A 煮约 10 分钟关火。

❸ 放入做法 1 的材料，大火烧煮约 30 分钟后，改用小火继续煮约一个半小时，煮至材料 A 酥而不烂，取出切盘。

❹ 取一容器，将调料 B 调匀，淋在做法 3 上，再撒上葱丝、红辣椒丝跟白芝麻即可。

小贴士 Tips

✚ 牛肚、牛舌、牛心、牛腱皆为不易熟的食材，因此火候的掌握很重要，必须经过较长时间的烧制。

简单的美味：

干煸四季豆

　　在有着"天府之国"美誉的四川，它的省会成都，连空气中都透着慵懒的气息。在这样一个城市里，有两样东西最为著名，一是美女，二是美食。说起美食，漫步在成都的大街小巷，到处都能找到好吃的，这里的人们总是擅长把最普通的食材做成最美味的食物，让人震撼，就如干煸四季豆，简单又美味。

材料 Ingredient	
四季豆	200 克
猪绞肉	100 克
虾米	50 克
蒜末	20 克
干辣椒碎	5 克
食用油	适量

调料 Seasoning	
花椒	5 克
盐	1/2 小匙
白糖	适量
甜面酱	适量
豆瓣酱	1 茶匙
绍兴酒	适量
水淀粉	适量

做法 Recipe

1. 将四季豆洗净切段，放入油锅中过油后，捞起备用。

2. 原锅中留少许油，放入蒜末、干辣椒碎、花椒爆香，然后放入猪绞肉、四季豆、虾米翻炒均匀。

3. 最后加入剩余的所有调料，煮至收汁即可。

百味杂陈：
怪味鸡

川菜可以说是中国各大菜系中最平民化的菜系了，几乎所有的代表性菜品都源于市井街巷，我想，这就是川菜在近些年风靡全国的原因之一吧！怪味鸡同样是起源于街头的小吃，分为宜宾怪味鸡和眉山怪味鸡。虽然两者味道稍有差别，但都具有肉质鲜嫩爽口的特点，现在经过不断发展，已经成为具有当地特色的招牌菜品之一。

材料 Ingredient

鸡胸肉	100克
绿豆芽	50克
葱丝	20克
圆白菜丝	50克

调料 Seasoning

怪味酱制作：

盐	1 小匙
黑醋	适量
白糖	适量
辣油	1 茶匙
花椒油	适量
芝麻酱	适量
葱碎	10 克
蒜碎	10 克
红辣椒碎	适量
香菜碎	适量

做法 Recipe

1. 将鸡胸肉洗净，放入沸水中煮约5分钟后，关火闷约20分钟，然后取出晾凉，再放入冰箱冷藏约30分钟，切成条状备用。
2. 将绿豆芽洗净，放入沸水中氽烫过水，沥干备用。
3. 取一个圆盘，放入圆白菜丝，再放入做法1、做法2的所有材料和葱丝。
4. 最后淋上调好的怪味酱即可。

小贴士 Tips

- 鸡胸肉煮熟晾凉后，再放入冰箱冷藏，这样可以保证鸡肉紧致的口感。
- 怪味酱可根据自己的口味进行调制。

食材特点 Characteristics

绿豆芽：即绿豆经浸泡后发出的嫩芽，含有大量维生素和氨基酸，营养价值很高，具有清热解毒、消暑利尿、降血脂等功效。

芝麻酱：味香，可用作调味。原料为芝麻，是将芝麻炒熟、磨碎而制成。因芝麻的颜色不同而有黑芝麻酱和白芝麻酱之分。营养价值很高，有补中益气、防癌的作用，常吃对头发和皮肤有益。

美味无穷：
酱烧鱼头

　　我从小就爱吃鱼，但却从不吃鱼头。可是在工作之后，一位同事改变了我对鱼头的看法。她特别喜欢吃鱼头，而且对于吃鱼头很有心得，有一次，我跟她一起出去吃饭，她恰好点的就是酱烧鱼头，还大力向我推荐。于是，我便品尝了一番，美味的鱼头喷香四溢，用饼蘸一下酱汁，浓郁的酱香溢满口腔。从此，我便爱上了吃鱼头。

材料 Ingredient

鲢鱼头	400 克
姜末	30 克
葱末	30 克
蒜苗丝	30 克
食用油	适量
水	300 毫升

腌料 Marinade

姜片	50 克
葱段	50 克
米酒	适量
盐	适量

调料 Seasoning

A:

白醋	1 茶匙
番茄酱	适量
香油	1 小匙
甜面酱	适量
白糖	1 小匙
米酒	适量
酱油	1 小匙
胡椒粉	适量

B:

香油	适量
水淀粉	适量

做法 Recipe

① 将鲢鱼头洗净去鳃。

② 用腌料腌约 10 分钟备用。

③ 取一锅，放少许食用油，放入姜末、葱末爆香，再加入调料 A、水、腌好的鲢鱼头拌炒均匀。

④ 以小火焖煮至汤汁浓稠。

⑤ 最后加入调料 B 及蒜苗丝即可。

小贴士 Tips

✚ 鲢鱼头肉质鲜美肥厚，适合做鱼头类的菜品，但一定要选用新鲜的鲢鱼头。

✚ 炒菜时要注意放醋的时间，如果在食材入锅时放，可以软化食材，保护食材的维生素不被破坏；如果在食材出锅时放，则可以丰富菜品的味道。

清爽的夏天：
蒜泥白肉

　　"白肉"最早发源于东北地区，是满族祭祀时所用的祭品，袁枚在《随园食单》中说"此是北人擅长之菜"。到了晚清，从傅崇榘写的《成都通览》中可以看出，那时的成都餐馆中已出现"白肉""春芽白肉"。"白肉"逐渐从东北传入四川，经过当地的改造，再加入蒜泥，逐渐成为川菜中的一道经典凉菜。

材料 Ingredient

猪五花肉	500克
生姜	10克
蒜瓣	6颗
葱	1根

调料 Seasoning

盐	1/2 小匙
酱油	适量
白糖	适量
香油	1 小匙

做法 Recipe

❶ 蒜瓣、葱、生姜洗净切末，再加入所有调料一起搅拌均匀，做成蒜泥酱，备用。

❷ 猪五花肉洗净，整块放入沸水中，大滚后转小火，盖上锅盖继续煮约15分钟关火，不开盖再浸泡约30分钟后取出。

❸ 取出煮熟的猪五花肉，切片状后装盘，食用时搭配蒜泥酱沾食即可。

小贴士 Tips

➕ 煮猪五花肉时，最好在锅中放几片生姜，这样可以去除腥味。

➕ 蒜泥白肉的酱汁可直接沾食，也可以淋到白肉上。

食材特点 Characteristics

猪五花肉：是指位于猪的腰腹部且肥瘦相间的肉，蛋白质含量丰富，具有补肾养血、滋阴润燥的功效。

生姜：味辛辣，可用于调味，含有膳食纤维、蛋白质、钙、镁、铁、钾等营养物质，具有发汗解毒、开胃健脾等功效。

幸福的秘诀：
蒜苗炒腊肉

　　腊肉在中国各地都有出产，但各地的制作原料有所不同，蒜苗炒腊肉是一道地道的美味农家菜，它不需要复杂的烹饪方式，也不需要华丽的摆盘，只需简单地处理，然后下锅烹炒即可。我想，这种简单、平淡的滋味就是幸福的秘诀吧。

材料 Ingredient

腊肉	250 克
竹笋	50 克
红辣椒	30 克
蒜苗	1 根
食用油	适量
水	150 毫升

调料 Seasoning

A:

白糖	1 小匙
酱油	适量
米酒	适量

B:

香油	1 小匙
辣油	适量
水淀粉	适量

做法 Recipe

1. 腊肉先用水煮约 30 分钟至软，然后切片，备用；竹笋剥壳后，洗净，切成片状，用水氽烫后，备用。
2. 红辣椒、蒜苗洗净沥干，切成段，备用。
3. 取一锅，加少许食用油，放入红辣椒、蒜苗炒香，再加入腊肉片、竹笋片和调料 A，加适量水，用小火煮至汤汁略干。
4. 最后加入水淀粉勾芡，淋入香油、辣油拌匀即可。

小贴士 Tips

- 挑选腊肉要选择带点肥肉的，因为腊肉的香气成分都在肥肉里面，而腊肉里的瘦肉含有的是风味成分。
- 要挑选比较硬的五花肉制成的腊肉，因为一般硬的五花肉熏制时间较长，因而熏得更加到位，质量也更好。

食材特点 Characteristics

蒜苗：是大蒜的幼苗发育到一定时期的青苗，它之所以有蒜的香辣味，是因为它含有辣素，这种辣素具有杀菌的作用，因此，吃蒜苗可以预防流感。

竹笋：是我国的一种传统食材，具有质脆味香的特点，被视作"菜中珍品"，含有蛋白质、脂肪、氨基酸、糖类、胡萝卜素、维生素 C 及钙、磷、铁等多种营养素。

如此诱人：
滑蛋虾仁

粤菜是流行于广东地区的菜系，带有浓郁的广东地方特色，其制作精细、口味清淡、用料多样，对河鲜、海鲜的利用更是登峰造极。广东以山地为主，耕地贫瘠，广东人自古就有海外谋生的习俗，因此，粤菜就跟随广东人的足迹被带到世界各地，成为海外中国菜的代表，而滑蛋虾仁就是一道经典的粤菜菜品。

材料 Ingredient

鸡蛋	2个
虾仁	8尾
葱花	适量
食用油	适量

调料 Seasoning

盐	1/2 小匙
鸡精	1/2 小匙
胡椒粉	适量

做法 Recipe

1 虾仁去泥肠，加入适量的盐抓揉数下，再冲水约10分钟，然后吸干水分。

2 鸡蛋加入所有调料、葱花，然后打散搅拌均匀。

3 热锅，加入适量食用油，放入虾仁，两面各煎约2分钟，再倒入蛋液，以小火用锅铲慢推蛋液，直到凝固呈八分熟即可起锅。

小贴士 Tips

+ 虾仁加盐抓揉，再用流动水冲洗，能让虾仁的口感变脆。

+ 蛋液凝固至八分熟即可起锅，这样才能保持滑蛋滑嫩的口感。

食材特点 Characteristics

鸡蛋：富含胆固醇、蛋白质以及多种矿物质，营养丰富，其中蛋白质的氨基酸比例与人体所需比例非常接近，因而很容易被人体吸收。

虾仁：高蛋白，低脂肪，营养丰富，鲜嫩爽口，容易消化，老少皆宜，具有预防高血压、动脉硬化等功效。

红烧牛肉

最美味的食物通常隐藏在市井街巷之间，那种简单而朴实的美味总是让人难以忘怀。曾几何时，独自漫步在街头，走进小巷深处的一家餐馆，坐下来，热情的老板娘倒上一杯热茶，茶的味道涩涩的，暖暖的。我点上一份红烧牛肉和一碗米饭开始享用，时光仿佛慢了下来。如今，这样的小街小巷正慢慢消失在飞速变化的城市中，但愿这样简单的味道不要被淹没。

材料 Ingredient

牛腱	300 克
上海青	80 克
姜末	适量
洋葱末	适量
蒜末	适量
食用油	适量
水	500 毫升

调料 Seasoning

A:	
豆瓣酱	1 小匙
米酒	适量
B:	
盐	1/2 小匙
白糖	适量
蚝油	1 小茶匙

做法 Recipe

1. 牛腱放入滚水中，以小火余烫约 10 分钟后捞出，冲凉水剖开，切成约 2 厘米见方的小块。

2. 取一炒锅烧热，放入适量食用油，再放入姜末、洋葱末、蒜末以小火炒香，再加入调料 A 和牛肉，以中火炒约 3 分钟，然后加水以小火煮约 15 分钟，最后加入调料 B 拌匀，加盖再煮约 10 分钟入味。

3. 上海青洗净，对剖去头尾，放入滚水中余烫捞起后，装点盘子的周边，中间放入牛肉即可。

藕断丝连的美味：

糖藕

　　糖藕是有一次我游上海豫园时在美食街上吃到的，甜甜糯糯的味道妙不可言。糖藕的做法也很简单，看一看就会了。将莲藕洗净去皮，切成等厚的圆片，经过糯米的填充，白糖的熬煮，就做成了清香甜脆的糖藕。在家闲暇时，多做一些储存起来完全可以当作零食来吃。要是想把糖藕做得更加丰富多样，在制作时添加些蔬菜碎或是用果汁熬煮即可。

材料 Ingredient		调料 Seasoning	
粉莲藕	1大节	白糖	1大匙
圆糯米	100克	桂花	适量
水	适量	蜂蜜	适量
牙签	数支		

做法 Recipe

❶ 将圆糯米泡水约2小时，沥干备用。

❷ 将莲藕洗净去皮，切开一端塞入泡好的圆糯米，再用牙签固定。

❸ 将莲藕放入锅内，加水至淹过莲藕5厘米高，小火煮约15分钟后加入白糖，然后继续煮约10分钟至水略收。

❹ 最后放入桂花、蜂蜜，煮至汤汁浓稠后，取出放凉切片，淋上剩余的汁液即可。

传奇美食：

东坡肉

　　东坡肉，相传为北宋大文豪苏东坡所创。南宋人周紫芝在《竹坡诗话》中记载："东坡性喜嗜猪，在黄冈时，尝戏作《食猪肉诗》云：'慢着火，少着水，火候足时他自美。每日起来打一碗，饱得自家君莫管。'"后来苏东坡调往杭州任职，把黄州的烧肉经验带到杭州，再经过发展就成了东坡肉，如今已成为江浙菜的名菜。

材料 Ingredient

猪五花肉	200克
生姜	7克
香葱	1根
红辣椒	适量
西蓝花	适量
食用油	适量
水	700毫升
棉绳	50厘米

调料 Seasoning

盐	1/2 小匙
白糖	1 小匙
白胡椒粉	适量
番茄酱	适量
酱油	1 小匙
香油	1 小匙

做法 Recipe

1. 将猪五花肉切成约5厘米宽的方块，并用棉绳将其交错捆成十字状。
2. 取锅倒入半锅水，放入绑好的猪五花肉汆烫至变色，然后捞起沥干备用。
3. 将生姜、红辣椒洗净切片，香葱洗净切段，然后取炒锅，放入食用油烧热，把姜片、红辣椒片、葱段放入锅中炒香。
4. 加入所有的调料和猪五花肉块烹煮。
5. 盖上锅盖，以中小火焖煮约35分钟至汤汁略收；然后将西蓝花放入开水中焯熟、捞出、装盘，把做好的猪五花肉块摆放在盘子中央即可。

小贴士 Tips

- 猪五花肉最好选用皮薄且肥瘦相间的猪肋条，这部分的肉嫩，但又不会过于肥腻。
- 制作东坡肉时，要使肉酥烂而形不变，火候最为重要。要先用大火煮沸，再用小火焖软，最后用大火把肉煮至酥烂。

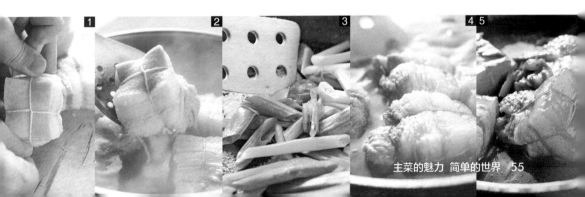

碰撞的火花：
五香煎猪排

　　五香煎猪排采用了中餐西做的办法，使之更符合中国人的口味。西餐对于普通中国人来说，还是比较贵的消费，并且也不太符合中国人的饮食习惯，因此，普通中国人在日常生活中很少消费西餐。但如果借鉴西餐中的牛排的做法来做猪排，同时利用西餐精致的摆盘，这样既享用了价格实惠的美味，又营造了浪漫的就餐氛围，可谓一举两得。

材料 Ingredient

猪里脊	4 片
鸡蛋	1 个
食用油	适量

调料 Seasoning

盐	1/2 小匙
白糖	1 小匙
胡椒粉	1/2 小匙
淀粉	1 大匙
五香粉	1/2 小匙
酱油	1 小匙
米酒	1 小匙
香油	1 小匙

蔬菜汁 vegetable juice

胡萝卜	20 克
生姜	20 克
洋葱	适量
蒜	3 颗
红辣椒	1/4 个
香菜根	2 棵
水	100 毫升

做法 Recipe

1. 将猪里脊拍松，断筋。
2. 将制作蔬菜汁的材料放入搅拌机中打成汁，滤去渣后留约 60 毫升蔬菜汁备用。
3. 于蔬菜汁中加入除淀粉外的调料和鸡蛋拌匀，再放入猪里脊，用筷子不断搅拌至水分吸收。
4. 再加入淀粉搅拌均匀，静置约半小时。
5. 取一平底锅，加入少量食用油，将猪里脊放入，用小火将两面各煎约 3 分钟至熟即可。

小贴士 Tips

- 做猪排的材料最好选择猪腰部带点肥油的里脊肉，这样才会有肥腴的口感。
- 制作猪排时，要先将里脊肉上的白筋挑掉，再略微敲打以让肉质更鲜嫩。

食材特点 Characteristics

猪里脊：肉质较嫩，易消化，含有丰富的蛋白质、脂肪和维生素，营养丰富，具有补肾养血、滋阴润燥的功效。

香菜根：和香菜一样具有很高的营养价值，能去除肉类的腥膻味，具有顺气、通肺、健脾胃等功效。

返璞归真：
清蒸鲈鱼

现代社会，生活节奏越来越快，人们为了身体健康，对健康的饮食理念越来越追求，而清蒸则成为人们首选的健康饮食方式。有些美食的关键不在于烹饪方法，而在于食材的新鲜程度，只有最新鲜的食材，才能做出最原汁原味的美味。比如这道清蒸鲈鱼，只采取最简单的方法，就能最大限度地激发出鱼的鲜美味道。

材料 Ingredient

鲈鱼	1尾（500克）
葱丝	30克
姜丝	20克
葱段	2根
红辣椒丝	少许
食用油	适量
水	80毫升

调料 Seasoning

盐	1/2 小匙
白糖	适量
胡椒粉	适量
鱼露	适量
酱油	1 小匙
香油	1 小匙

做法 Recipe

1 先将鲈鱼清理干净。

2 取一蒸盘，盘底放入葱段，然后摆上处理好的鲈鱼，放入蒸锅中，用中火蒸约 8 分钟取出。

3 将葱丝、姜丝及红辣椒丝摆在蒸好的鲈鱼上，然后取一锅，放入适量的食用油烧热，把热油淋在鲈鱼上。

4 最后将所有调料和适量清水混合煮滚，淋在鱼身上即可。

小贴士 Tips

+ 尽量选择 500 克左右的鲈鱼，不仅摆盘美观，而且其生熟的火候比较容易把握。

+ 做清蒸鱼时，鱼一定要等锅内水开后再入锅，蒸 6~7 分钟立即关火，然后利用锅内余温再蒸 5~8 分钟后即可出锅。

食材特点 Characteristics

鱼露：味咸鲜，呈琥珀色，是一种传统调味品，可用于去除肉的腥味，多见于广东、福建地区。所含的氨基酸种类多，营养非常丰富。

酱油：用于调味，制作原料主要为豆、麦、麸皮等，呈红褐色，味道鲜香，具有促进食欲的功效。

荷香动人：
荷叶蒸排骨

荷叶色泽清丽，气味清香，是传统药膳中常用的原料，具有消暑利湿、降血脂的作用。猪排骨我们都很熟悉，其营养丰富，口感丰满。这道荷叶蒸排骨，就是在滚热的水汽蒸腾下，让猪排骨的肉香与荷叶的清香相互交融渗透，达到增味解腻的效果。蒸熟后的猪排骨香酥多汁，每一根都带有荷叶的清香，味道非常不错。

材料 Ingredient

猪排骨	750 克
姜末	40 克
葱花	20 克
荷叶	1 张
色拉油	适量

调料 Seasoning

蒸肉粉	200 克
豆瓣酱	适量
甜面酱	适量
酱油	1 小匙
米酒	适量
香油	1 茶匙

做法 Recipe

1. 将猪排骨洗净，剁成块状，放入容器中。
2. 于做法 1 中加入葱花、姜末、色拉油及所有调料拌匀，放入蒸锅蒸 30 分钟备用。
3. 将荷叶用水泡软后切成 6 等份，取蒸好的猪排骨分别包入荷叶中，蒸 40 分钟即可。

小贴士 Tips

+ 蒸肉粉主要以米粉为原料加工而成，使用蒸肉粉蒸制猪排骨，可以使猪排骨更加滑嫩，如果没有蒸肉粉，也可用生粉代替，效果是一样的。
+ 用荷叶包裹猪排骨可以去油腻，除了荷叶外，粽子叶、香蕉叶等均可使用。

食材特点 Characteristics

排骨：营养价值高，含有大量的骨胶原、骨黏蛋白等营养物质，可用来补钙，老少皆宜，还具有养血补气、滋阴健胃的功效。

荷叶：味苦辛微涩，性寒凉，归心、肝、脾经，清香升散，具有消暑利湿、健脾升阳、止血的功效。

春天的气息：

红焖青红椒

在湖南、四川、重庆、贵州这些地方，辣椒不仅是调味料，而且也是制作主菜的重要食材，这在很大程度上与南方湿热的气候有关，而多吃辣椒可以祛湿排毒。红焖青红椒这道菜就是以辣椒为绝对主角制作的美味菜，青椒与红椒的搭配，既赏心悦目，也辣气扑鼻，是嗜辣者的心头菜。

材料 Ingredient

青椒	2个
红辣椒	10个
蒜末	30克
豆豉	15克
食用油	适量
水	200毫升

调料 Seasoning

盐	1/2 小匙
白糖	适量
酱油	适量
镇江醋	适量
香油	1 茶匙
蚝油	适量
辣油	适量

做法 Recipe

① 将青椒、红辣椒洗净，沥干备用。

② 取一锅，放入适量的食用油烧热，待油温至170℃时放入青椒和红辣椒，炸至表皮略皱后捞起泡冰水，去膜后切成条状。

③ 原锅留少许油，放入蒜末、豆豉炒香后，再加入去膜的青椒条、红辣椒条及所有调料。

④ 最后以小火焖煮 2~3 分钟至汤汁略干即可。

小贴士 Tips

⊕ 将炸好的青椒和红辣椒泡水，是为了保持其爽脆的口感。

⊕ 油炸食品时油温一般控制在 170℃左右。

食材特点 Characteristics

豆豉: 用作调味，可用于去除鱼类或肉类的腥味；用作中药，可治疗风寒感冒、头痛发热、腹痛吐泻等。

蚝油: 主要用于调味，制作原料为牡蛎，含有多种氨基酸和微量元素，具有增强人体免疫力的功效。

面条的精彩 由我做主

从小我就喜欢吃面条,那时放学回家总会冲进厨房问妈妈今天吃什么,只要妈妈回答说吃面条我就会特别开心。一碗简单的面条不仅满足了人们对能量的全部需求,而且也满足了人们对美食的向往。因此,周末的早午餐,面条也是一种不错的选择,伴着小火熬煮一锅浓汤,下一份面条,加上你喜欢的蔬菜、海鲜、肉类等,这滋味超越了一切美味。

面条 生活的温暖

　　对于一个地道的北方人来说，面条承载了生活中太多的回忆与故事，带给人们别样的温暖。在干燥而冷冽的北方冬天，一碗热气腾腾的面条很容易让人满足和感动，尤其是当一家人坐在一起吃面的时候，芳香四溢的味道萦绕在周围，再寒冷的空气也因此变得温暖起来。

　　作为一个有着悠久面食历史的大国，面条是我们生活中不可缺少的部分，也丰富着我们璀璨的美食文化。很难想象，这么一堆看起来没有生命的面粉，在美食制作者的手里会焕发出如此绚丽的色彩。

　　对于中国人来说，面条是我们的主食之一。在农耕时代，由于南北方粮食作物的不同，一般而言，北方以种植小麦为主，南方以种植水稻为主，这造就了中国传统的主食特色：北方面食，南方米饭。但随着农业技术的进步，农业受自然环境制约的程度在降低，同时南北方交通的发达和经济文化交流的频繁，中国南北方的主食出现了融合，面条不再是北方人的"专利"，南方人也开始制作、食用面条。

　　自面条诞生之始，它就开始演变着不同的造型，变化着丰富的味道。刀削面、烩面、拉面、宽面、细面……一面百样；汤面、炒面、凉面、拌面……一面百味。这些品种繁多的面条让人目不暇接，不但色香味俱全，而且工艺独特，成为我们生活中的必备食物。

　　面条除了最基本的果腹作用之外，在中华美食文化中它还有着特殊的文化含义。例如寿宴上的长寿面，每逢有人生日，在宴会上必吃的食品就是面条，寓意长命百岁，如果缺少面条，寿宴的意义似乎也大打折扣。此外，还有初七吃面、女婿吃面等，这些饱含着各种非凡寓意的面条在我们的生活中演绎着不同的角色，丰富而又多彩。

　　相比起中国面条的品种多且特色浓厚，国外的面条也有着独特的异域风情。国外的面条中最著名的当属意大利面了，意大利面不仅耐煮、颜色鲜亮有弹性，而且还有很多不同的种类，圆直面、蝴蝶面、通心粉、螺丝面、贝壳面……在意大利面中最为讲究的是酱料的搭配，不同的酱决定了意大利面不同的口感。酱料主要有红酱和白酱，红酱的酱汁呈红色，原料主要为番茄，白酱的酱汁呈白色，原料主要为面粉、牛奶及奶油，此外意大利面的酱料还有香草酱、青酱和黑酱。除了意大利面，还有日本面、韩国面、东南亚面等，如今这些美食也日渐走进我们的生活，取悦着我们的味蕾，带着我们领略异域风情。

无论是一碗清汤的阳春面，还是一份高档的茄汁海鲜墨鱼面，面条永远都是我们生活的一部分。这碗面条可以没有多么奢华的食材配料，也可以没有精致的餐具作底，它却是我们生活中重要的角色，带给我们温馨和暖意。

美食传承:
培根蛋奶面

有时候美食并不一定需要多么珍贵的食材,厨艺的高低、食材的搭配和用心的程度都影响着食物的美味程度。培根蛋奶面就是一道简单美味的意大利面,由常见的培根、奶油、鸡蛋制作而成。在制作这道美味时,过程也并不复杂,只需将面条煮熟,将培根、奶油简单地拌炒,然后把鸡蛋打在装盘的面上即可,色香味俱全的培根蛋奶面就完成了。

材料 Ingredient

扁宽面	80 克
培根	30 克
洋葱丝	10 克
蛋黄	1 颗
欧芹碎	适量
动物性鲜奶油	30 毫升
橄榄油	适量

调料 Seasoning

盐	1/2 小匙
白酒	20 毫升
吉士粉	适量

做法 Recipe

❶ 扁宽面放入滚水中煮熟后,捞起泡冷水至凉,再用少许橄榄油拌匀;培根切条状备用。

❷ 取一锅烧热后,放入少许橄榄油,然后放入洋葱丝、培根炒香,再加入动物性鲜奶油及扁宽面,用小火煮约 1 分钟至面入味。

❸ 起锅前加入调料拌匀,撒上欧芹碎即可,最后将蛋黄放在面中央即可。

小贴士 Tips

✚ 煮意大利面时,要在水中放少量的盐,防止面在煮的时候粘连。

✚ 意大利面煮好后,最好要过凉水,沥干后再拌上少许橄榄油,这样可以保持面条的弹性。

食材特点 Characteristics

蛋黄:富含脂溶性维生素、单不饱和脂肪酸、多种维生素、磷脂以及磷、铁等矿物质,可以保护视力健康以及美容护肤等。

欧芹:原产于地中海沿岸,现在西餐中应用较多,它含有大量胡萝卜素、叶黄素、多种维生素和矿物质成分,具有抗氧化、抗衰老、降胆固醇等作用。

满口生香：
鸡肉番茄斜管面

鸡肉番茄斜管面可以说是一道中西合璧的美味。鸡肉的肉香、番茄的酸甜和充满异域风情的斜管面看似不太搭配，却带来非同一般的美食体验。经过简单的烧煮、翻炒之后，这份简单的美味就制作完成，鲜红的番茄糊、细细的鸡肉丝，长短合适的斜管面摆放在盘中极具视觉冲击感，仅是看着就让人胃口大开。

材料 Ingredient

斜管面	80 克
鸡胸肉丝	40 克
洋葱丝	10 克
蒜	2 颗
番茄糊	适量
橄榄油	适量

调料 Seasoning

盐	1/2 小匙
胡椒粉	适量
白酒	适量

做法 Recipe

① 斜管面放入滚水中煮熟后，捞起泡冷水至凉，再用少许橄榄油拌匀，备用。

② 取一锅烧热后，放入少许橄榄油，然后放入蒜炒至金黄色时，加入洋葱丝、鸡胸肉丝、番茄糊及斜管面炒匀入味。

③ 最后加入所有调料拌匀即可。

小贴士 Tips

⊕ 切洋葱时，最怕边切边流眼泪，其实只要在切丝前先对半切好，放入冷水中泡一下，或放入微波炉中加热 30 秒至 1 分钟就可以避免。

⊕ 制作番茄糊时，一定要去皮，如果不去皮会直接影响番茄糊的口感和美观。另外，番茄块在搅拌机中搅拌时，因为其汁液丰富，因此不需要加水，直接打成糊状即可。

食材特点 Characteristics

橄榄油：含有丰富的单不饱和脂肪酸——油酸，还含有抗氧化物及多种维生素，具有抗癌、防衰老、防辐射、改善消化系统功能的作用。

白酒：制作原料为粮谷，具有活血通脉、增进食欲、消除疲劳等功效，做菜时加入适量白酒可以起到解腥起香的效果。

玉盘珍羞：

茄汁海鲜墨鱼面

微咸的海风把万里之外的意大利风味带到了我们的身边，一份简单的茄汁海鲜墨鱼面仿佛使人置身于水城威尼斯。犹如墨玉般的面条根根盘卧在碗底，煮熟的蛤蜊、鱿鱼带着海的气息扑面而来，伴着番茄的清香。看着异常精致的茄汁海鲜墨鱼面，感觉像是五星级酒店里大师的杰作，其实它也是一道可以家常制作的美味。

材料 Ingredient

墨鱼面	80 克
虾仁	30 克
鱿鱼中卷	10 克
蟹肉	10 克
蛤蜊	5 克
洋葱末	10 克
番茄糊	适量
罗勒叶丝	适量
蒜末	适量
番茄汁	30 毫升
橄榄油	适量

调料 Seasoning

盐	1/2 小匙
白酒	30 毫升

做法 Recipe

❶ 墨鱼面放入滚水中煮熟后，捞起泡冷水至凉，再用少许橄榄油拌匀，备用。

❷ 鱿鱼中卷切圈状；蛤蜊放入加了少许盐的冷水中吐沙，然后洗净备用。

❸ 虾仁、蟹肉及鱿鱼中卷放入滚水中氽烫至熟，捞起沥干水分；蛤蜊放入滚水中氽烫至略微开口，即捞起沥干水分，备用。

❹ 取一锅烧热后，放入少许橄榄油，然后用小火炒蒜末、洋葱末，加入番茄糊、番茄汁、墨鱼面及所有的海鲜材料拌匀，加入所有调料调味，最后撒上罗勒叶丝即可。

小贴士 Tips

➕ 处理蛤蜊时，为了使蛤蜊把沙吐干净，一定要多换几次水。

食材特点 Characteristics

鱿鱼：高蛋白低脂肪，含有维生素、牛磺酸、钙、磷等营养物质，有很高的食疗价值。但患有心血管疾病、肝病及脾胃虚寒的人应少吃。

蛤蜊：营养丰富，含蛋白质、脂肪、碳水化合物以及碘、钙、磷、铁等多种矿物质和维生素，具有滋阴润燥、利尿消肿、软坚散结的作用。

叠出来的美味：

意大利千层面

　　千层面是意大利非常有特色的一种面食，说是面，其实应该算是一种面饼。早在 14 世纪就有了关于意大利千层面的文字记载，关于这道菜的做法最初记载于一本名叫《烹饪之书》的手抄书中。将煮熟的宽面条与各种香料和磨碎的奶酪一层层地叠放在一起烧制而成。如今的意大利千层面仍然坚持这种烹调方式，学习制作这道面食也是一种享受生活的方式。

材料 Ingredient

千层面	3 片
鲷鱼	60 克
奶酪丝	70 克
虾仁	4 尾
菠菜	10 克
蒜碎	10 克
洋葱碎	15 克
欧芹碎	适量
橄榄油	适量

调料 Seasoning

白酒	15 毫升
白酱	500 毫升
动物性鲜奶油	10 克

做法 Recipe

❶ 将千层面煮约 5 分钟至八分熟，然后捞起泡水。

❷ 鲷鱼洗净切片；虾仁去虾线，洗净；菠菜洗净，备用。

❸ 取一锅烧热后，放少许橄榄油，爆香蒜碎、洋葱碎，再放入鲷鱼片、虾仁用中火炒 1~2 分钟，淋上白酒和白酱，转小火煮约 1 分钟，起锅备用。

❹ 另取一深盘，以奶油涂匀盘底，倒入一层白酱，再放一层千层面皮，一层奶酪丝，铺上炒熟的海鲜料，然后再放上千层面皮，再放一层新鲜菠菜，倒入一层白酱抹匀，覆上第三层面皮。

❺ 将剩余白酱淋在叠好的千层面上，撒满奶酪丝，放入 220℃烤箱烤约 5 分钟后取出，撒上欧芹碎即可。

小贴士 Tips

➕ 千层面煮至半熟即可，因为后面还需放入烤箱内烤制，如果煮至十分熟，在烤制时就会影响口感。

食材特点 Characteristics

奶酪：营养丰富，含有蛋白质、维生素及钙、锌、磷等多种营养素，能起到增强抵抗力的作用，还是儿童、孕妇及中老年人的优良补钙食物。

菠菜：营养价值高，被称作"营养模范生"，含有维生素 C 及钙、铁等多种营养素，具有促进生长发育、敛阴润燥、养血补血等功效。

美食在人间：
双菇蔬菜面

在我的想象中，很多意大利面似乎都存在于高档西餐厅之中，离普通人的生活很远，但这道双菇蔬菜面除外。双菇蔬菜面的制作方法极其简单，只要准备好酱料，把食材简单翻炒，配上煮好的意大利面就能做成一道美味。不需要去多么高档的餐厅，也不需要多么名贵的食材，只需最简单的搭配就能吃出最朴实纯粹的意大利风味。

材料 Ingredient

意大利面	80 克
红甜椒丝	10 克
黄甜椒丝	10 克
青椒丝	10 克
鲜香菇片	5 克
杏鲍菇片	5 克
洋葱丝	5 克
蒜碎	适量
橄榄油	适量
高汤	200 毫升

调料 Seasoning

盐	1/2 小匙
黑胡椒粉	适量
芝士粉	适量
白酒	10 毫升

做法 Recipe

❶ 意大利面放入沸水中煮熟，然后捞起泡冷水至凉，再用少许橄榄油拌匀备用。

❷ 取一锅，锅热后，放入少许橄榄油，然后用大火炒香所有菇片后，加入蒜碎、洋葱丝、意大利面、青椒丝、甜椒丝及所有调料和高汤，拌炒入味即可。

小贴士 Tips

➕ 用菌类食品制作菜肴时，可选择新鲜的菌类，也可选择干制的菌类，如果选择干制的菌类，一定要先用凉水泡发再使用。

➕ 制作蔬菜类的意大利面时，蔬菜可根据自己的喜好来选择，没有固定的菜式。

食材特点 Characteristics

香菇：营养价值高，被称为"山珍之王"，具有高蛋白、低脂肪的特点，还含有多种维生素及矿物质，具有延缓衰老、降血脂、降血压等功效。

杏鲍菇：肉质肥厚，风味独特，含有蛋白质、膳食纤维、维生素、氨基酸等多种营养素，具有美容养颜、散寒祛风、降血脂、抗癌等功效。

地中海风情:
意大利肉酱面

对于习惯吃中餐的人来说，偶尔吃次西餐，生活似乎也变得有了情调，若是会自己做西餐那是再好不过了。意大利肉酱面就是一道较容易学会的西餐之一，其食材易得、制作简单，却很美味。劲道的意大利面，配上酸甜的番茄酱汁，交错着香料、洋葱和月桂叶的复合口感，美妙得如同置身在异国的西餐厅中。

材料 Ingredient

意大利圆直面	150 克
猪绞肉	80 克
胡萝卜末	适量
蒜末	适量
洋葱末	适量
欧芹碎	适量
番茄	适量
月桂叶	1 片
橄榄油	适量
鸡高汤	500 毫升

调料 Seasoning

鸡精	1 小匙
番茄酱	适量
面粉	适量
意大利什锦香料	适量

做法 Recipe

❶ 番茄洗净，用开水烫过之后，去皮，然后切成小块，备用。

❷ 取一锅烧热，倒入适量的橄榄油，放入猪绞肉用中火炒至金黄色。

❸ 另起油锅，炒香蒜末、洋葱末、西芹末和胡萝卜末，再加入意大利什锦香料、番茄酱、番茄块、月桂叶和面粉，用小火炒香。

❹ 加入猪绞肉，倒入鸡高汤，用小火熬煮约 20 分钟至浓稠状，加入鸡精调味，制成肉酱。

❺ 将意大利圆直面放入沸水中煮熟后，捞起泡冷水冷却，捞出沥干后，再以少许橄榄油拌匀备用。

❻ 把肉酱和意大利圆直面盛入盘中，撒上欧芹碎，吃的时候拌匀即可。

小贴士 Tips

⊕ 番茄酱鲜甜的口感可以中和新鲜番茄的酸味。

食材特点 Characteristics

欧芹：一种香辛叶菜，多用于西餐中，可以当作调料使用，也可以切碎撒在菜肴上作装饰。

番茄：营养丰富，含有维生素、胡萝卜素及镁、钾、铁等营养素，具有减肥瘦身、美容养颜、清热止渴等功效。

京味十足：
传统炸酱面

炸酱面是我国的十大面条之一，流行于北方，最早源于北京。传统炸酱面沿用古老的制法，由菜码、炸酱与面条相拌而成。菜码就是将黄瓜、豆芽、青豆、黄豆切好或煮好，按照一定的样式摆于碗中。可以说是这道面的"灵魂"，炸酱做成功了，这道面也就成功了。

材料 Ingredient

猪五花肉	150 克
毛豆仁	20 克
胡萝卜	20 克
香葱	1 根
洋葱	10 克
豆干	1 块
拉面	150 克
水	3200 毫升
食用油	适量

调料 Seasoning

盐	1/2 小匙
白糖	适量
豆瓣酱	1 茶匙
甜面酱	适量
水淀粉	适量

做法 Recipe

1. 将猪五花肉用 100℃的滚水煮约 10 分钟后放凉，切成丁，备用。

2. 毛豆仁放入 100℃的滚水烫 10~15 秒后，捞起过凉水；香葱洗净切段；洋葱洗净切末；胡萝卜洗净切丁；豆干切丁。

3. 锅烧热，加入适量食用油，用小火将洋葱末炒至金黄色后，放入肉丁炒至肉出油，再放入香葱段、毛豆仁、胡萝卜丁及豆干丁炒约 3 分钟后，加入豆瓣酱及甜面酱炒至所有材料均匀上色，最后加入 200 毫升的水和白糖翻炒约 10 分钟后，淋上水淀粉勾芡即可。

4. 取一汤锅，放 3000 毫升的水，水沸腾后，加入适量的盐，放入拉面，将拉面煮熟捞起盛碗备用。

5. 将炸酱淋在拉面上即可。

小贴士 Tips

⊕ 煮面条时，一定要在水中加盐，这样面条不容易煮糊。

食材特点 Characteristics

毛豆：含有丰富的不饱和脂肪酸、膳食纤维、B 族维生素以及钾、铁等营养成分，具有降血压、改善记忆力、益气解毒等功效。

香葱：味清香，微辣，可用于调味，还可以去除鱼类以及肉类的腥味，营养丰富，具有促消化的功效。

十月阳春：
阳春面

早在东汉时期，在《四民月令》一书中就有"立秋勿食煮饼及水溲饼"的句子，据考证"煮饼"和"水溲饼"就是早期的面条。阳春面起源于江苏的苏北地区，在这里阴历十月被称为小阳春，而有以十为阳春的市井隐语，加上这种面当时的价格是十分钱一碗，因此，被冠以"阳春面"的雅号。

材料 Ingredient

粗阳春面	150 克
小白菜	35 克
葱花	适量
油葱酥	适量
高汤	350 毫升

调料 Seasoning

盐	1/2 小匙
鸡粉	1/2 小匙

做法 Recipe

❶ 小白菜洗净、切段，备用。

❷ 粗阳春面放入滚水中搅散，等水滚后再煮约 1 分钟，捞出，盛入碗中；再把小白菜段放入沸水中氽烫一下马上捞出，沥干水分，放入面碗中。

❸ 把高汤煮滚，加入所有调料，然后再把高汤加入面中，放入葱花、油葱酥即可。

真实平和的气息：

榨菜肉丝面

　　榨菜是腌菜的一种，最早出现在重庆的涪陵，可凉拌、做汤、蒸食，也可炒食，做法多样。榨菜肉丝面则是一道利用榨菜做成的经典小吃，流行于江南地区，咸香适口，脆嫩爽口。榨菜的爽脆，柔嫩的肉丝，只需简单的点缀，就使一碗普通的肉丝面有了不一样的味道。

材料 Ingredient		调料 Seasoning	
面条	100 克	A:	
榨菜丝	250 克	盐	1/2 小匙
瘦肉丝	150 克	白糖	适量
红辣椒片	适量	鸡精	1/2 小匙
蒜末	适量	米酒	适量
葱花	适量	香油	1 小匙
食用油	适量	B:	
大骨高汤	适量	盐	1/2 小匙
		鸡精	1/2 小匙

做法 Recipe

❶ 热锅，倒入适量的食用油，放入红辣椒片、蒜末、榨菜丝爆香，再放入瘦肉丝、调料 A 和适量的大骨高汤炒至汤汁收干。

❷ 加入调料 B 和适量的大骨高汤煮至沸腾，即为榨菜肉丝汤头。

❸ 将面条放入沸水中煮熟，捞起沥干放入碗中。

❹ 加入适量榨菜肉丝汤头，最后撒上葱花即可。

乡愁的滋味：
麻油鸡面

麻油鸡面是我在一道美食综艺节目上学到的，这道面食非常适宜坐月子的女性食用，被称为月子餐。麻油鸡面主要的配料有三样：姜、黑麻油和米酒。米酒营养丰富，具有活气养血、滋阴补肾的功效，对产妇尤有益处；黑麻油对产妇也有补益的作用。

材料 Ingredient

土鸡腿	1000 克
老姜片	150 克
面条	120 克
水	1800 毫升

调料 Seasoning

白糖	1 小匙
鸡精	1 小匙
米酒	200 毫升
黑麻油	180 毫升

做法 Recipe

❶ 将土鸡腿切块，用清水洗净，备用。

❷ 起一炒锅，倒入黑麻油与老姜片，以小火慢慢爆香，至老姜片爆香至卷曲。

❸ 加入土鸡腿块，将土鸡腿块炒至表面上色熟透。

❹ 在做法 3 中加入米酒、水，以大火煮至沸腾后，转小火煮约 40 分钟，起锅前加入鸡精与白糖，拌匀即为麻油鸡。

❺ 将面条放入沸水中氽烫熟，捞起沥干盛入碗中。

❻ 盛入适量的麻油鸡即可。

小贴士 Tips

➕ 鸡腿可先进行氽烫，然后再进行烹制，这样既可以有效地去腥，也可以减少烹制的时间。

➕ 做菜时使用老姜，可以起到驱除风寒的作用。

食材特点 Characteristics

黑麻油：性味甘、平，归肝、肾、大肠经，主要治疗肝肾精血不足引起的头晕眼花、须发早白和血虚津亏引起的肠燥便秘。

米酒：含有葡萄糖、氨基酸及多种维生素，具有开胃提神、活气养血、滋阴补肾的功效，是老幼皆宜的营养佳品。

原来她在这里：
番茄面

　　亮丽鲜艳的色彩，酸甜舒爽的口感，洗净后的番茄沾着点点水珠在阳光的直射下更显晶莹剔透，仿佛一颗圆润的红珍珠。如今，番茄与面相融，在水汽蒸腾中尽情释放自己动人的魅力；素有"菌中贵族"的柳松菇，则慵懒地伸展身姿，在汤中释放精华，使汤的味道更加醇香浓郁。爱吃面的人断不可错过这道美味的番茄面。

材料 Ingredient

面条	120 克
柳松菇	适量
菠菜	少许
葱	2 根
番茄	2 个
洋葱	1/4 个
食用油	适量
高汤	200 毫升

调料 Seasoning

盐	1/2 小匙

做法 Recipe

❶ 葱洗净切段；洋葱洗净切丝；番茄洗净去皮，切片备用；柳松菇洗净沥干；菠菜洗净沥干。

❷ 起油锅，爆香葱段及洋葱丝，放入高汤煮滚，再加入番茄片，转小火继续煮至出味后，加盐调味，再放入柳松菇、菠菜继续煮。

❸ 面条煮熟沥干，放入做法 2 中，稍微搅拌即可熄火起锅。

小贴士 Tips

➕ 番茄的皮一定要去除，否则会影响口感。

简单而美味：
鱼汤面

　　鱼汤面是较为常见的汤面，做法也是多种多样，这里介绍的鱼汤面是我经常为家人制作的样式。鱼汤面的制作不需要多么复杂的烹饪技巧，只需几片鲷鱼、几棵青菜、一把面条，搭配上鱼板以及其他调料在锅里稍微煮一下便可。美味自然散发，简单而平实，一片氤氲之气中弥漫着生活的气息。

材料 Ingredient

鲜鱼肉	300 克
鲷鱼片	100 克
鱼板	1 片
上海青	2 棵
生姜	20 克
香葱	1 根
拉面	120 克
水	适量

调料 Seasoning

盐	1/2 小匙

做法 Recipe

❶ 鲜鱼肉洗净切块；生姜洗净切片；香葱洗净切段。

❷ 备一锅滚开的水，将鲜鱼块余烫至表面变白。

❸ 将水煮沸，依序加入鲜鱼块、姜片以及香葱，用小火熬煮约 30 分钟，再用滤网过滤出鲜鱼高汤备用。

❹ 上海青洗净；鲷鱼片洗净切片，加适量的盐抓匀腌渍约 15 分钟，备用；备一锅滚沸的水，将拉面煮熟捞起，放入碗中备用。

❺ 取约 350 毫升鲜鱼高汤煮至滚沸，加入上海青、鲷鱼片、鱼板以及盐，煮至鲷鱼片变白、熟透，倒入面中即可。

味蕾的舞蹈：

红烧牛肉面

相传红烧牛肉面是由光绪年间的一位厨师创制而成的，后来经过不断地推陈出新，红烧牛肉面便成为名满天下的面食。好的红烧牛肉面一定要汤浓、味鲜、肉嫩，还要有恰到好处的辣，且油而不腻，方是这道面的最佳境界。

材料 Ingredient

熟牛腱	1 个
牛脂肪	50 克
生姜	50 克
香葱	3 根
蒜	3 颗
小白菜	适量
洋葱	适量
葱花	少许
拉面	适量
食用油	适量
牛骨高汤	3000 毫升

调料 Seasoning

盐	1/2 小匙
白糖	1 小匙
花椒	适量
豆瓣酱	1 小匙

做法 Recipe

❶ 熟牛腱切块；香葱洗净切段；生姜、洋葱洗净去皮切碎；蒜去皮切末；小白菜洗净切段，放入滚水中烫约 1 分钟，捞起沥干水分备用；牛脂肪放入滚水中余烫去脏，捞出沥干切块。

❷ 取一热锅，加少许食用油，将牛脂肪翻炒至焦黄干状态，放入葱段炒至金黄色，再加入姜碎、洋葱碎、蒜末炒约 1 分钟，再放入花椒、豆瓣酱与熟牛腱块继续以小火炒约 3 分钟，最后加入牛骨高汤煮沸。

❸ 将做法 2 倒入汤锅内以小火焖煮约 1 小时后，捞出较大的姜碎、葱段及花椒等，最后加入盐和白糖，煮至滚沸即制成红烧牛肉汤；将拉面放入滚水中煮约 4 分钟，然后捞出沥干水分并盛入碗中，再倒入红烧牛肉汤，放上焯好的小白菜，撒上葱花即可。

小贴士 Tips

➕ 牛脂肪虽然气味难闻，但经过熔炼、脱臭后就可食用，并可当作能量的来源。

食材特点 Characteristics

牛腱：是指位于牛大腿部位，被肉膜包裹着且内部藏筋的纹路规则的肌肉，最适合做卤味。

小白菜：含有大量的维生素及矿物质，有增强免疫力、促新陈代谢、润肤、抗衰老的功效。

爱相随：
韩式辣拌面

近些年，韩式料理随着韩国影视剧的热播而受到广泛欢迎，逐渐端上我们的餐桌。说起韩式料理，大多并不复杂。这道韩式辣拌面就非常适宜我们在日常生活中食用，常见的面条、肉丝、辣椒酱，加上韩式美食必不可少的泡菜，经过一番锅炒汤煮，美味的韩式辣拌面就端上餐桌了。

材料 Ingredient

火锅肉片	120 克
黄瓜	2 根
银丝细面	适量
熟白芝麻	适量
韩式泡菜	适量
食用油	适量

调料 Seasoning

A:
韩式辣椒酱	20 克
白糖	10 克
香油	5 毫升
白醋	5 毫升

B:
酱油	12 毫升
酒	12 毫升
白糖	8 克

C:
盐	3 克
香油	5 毫升

做法 Recipe

❶ 热一锅，倒入适量的食用油，放入火锅肉片与调料 B 拌匀炒熟备用。

❷ 黄瓜洗净切薄片，加盐拌匀至软后，用冷水洗净，加入香油拌匀。

❸ 银丝细面放入沸水中煮软，捞出用冷开水洗去黏液，加入调料 A 拌匀。

❹ 加上炒过的白芝麻、韩式泡菜、火锅肉片即可。

小贴士 Tips

✚ 选择火锅肉片，是因为火锅肉片薄而口感细嫩；火锅肉片有牛肉、羊肉等，可根据自己的喜好选择不同的种类。

✚ 银丝细面极细，不宜煮太长时间，否则很容易煮成面糊，从而影响口感。

食材特点 Characteristics

白芝麻：含有多种维生素及钙、铁、镁等营养素，多吃白芝麻对皮肤也很有好处。

韩式泡菜：一种低热量食品，酸辣爽口，具有促进吸收、增进食欲等功效。

好吃又好做：
牛肉炒面

　　牛肉炒面，光听名字，大家就知道这是一道很简单的菜品了，跟蛋炒饭一样，几乎每个人都可以做。当然想把这道面做出特色、做出风味还是要下一番功夫的。筋道爽滑的细面，新鲜香滑的大片牛肉，散发出如丝如缕的浓香味，所有的味道完美地融合在一起，既能填饱肚子，又能满足人们的口腹之欲。

材料 Ingredient

拉面	150克
牛肉丝	100克
洋葱	80克
青椒	40克
黄甜椒	40克
蒜末	5克
生姜	5克
香油	适量
食用油	适量

调料 Seasoning

盐	1/2 小匙
白糖	适量
黑胡椒碎	适量
酱油	1 茶匙
蚝油	适量

腌料 Marinade

白糖	适量
淀粉	适量
酱油	适量

做法 Recipe

❶ 洋葱洗净切丝；青椒洗净切丝；黄甜椒洗净切丝；生姜洗净切末。

❷ 取一碗，将牛肉丝及所有腌料一起放入抓匀，腌渍约5分钟备用。

❸ 煮一锅沸水，将拉面放入滚水中煮至约4分钟后捞起，冲冷水至凉后捞起沥干备用。

❹ 热锅，倒入食用油烧热，放入蒜末、姜末爆香后，加入牛肉丝略微拌炒后备用。

❺ 原锅中倒入适量食用油烧热，放入洋葱丝炒软后，加入青椒丝、黄甜椒丝炒匀。

❻ 加入拉面、做法4的材料以及所有调料，一起快炒均匀入味即可。

小贴士 Tips

➕ 炒制食物时，一定要"热锅凉油"，因为只有这样才能避免食物粘锅。

食材特点 Characteristics

黄甜椒：从国外引进的新品种，营养价值高，含有钙、磷、铁以及多种维生素等营养素，其中尤以维生素A和维生素C含量高。

黑胡椒：味辛辣，是一种可用于调味的香料，可以刺激胃液分泌，具有促进消化的作用。

清凉入夏：

川味凉面

川味凉面是结合四川当地人喜欢吃辣的特色而形成的富有地域色彩的美食。过水后的凉面在点点辣椒酱的装饰下，吃起来非常开胃，再加上细细的黄瓜丝，非常清脆爽口。川味凉面是一道属于夏天的美食，等你来发现其中隐藏的美味。

材料 Ingredient

细拉面	300 克
绿豆芽	20 克
黄瓜	半根
香菜	适量
水	适量

调料 Seasoning

川味麻辣酱	1 大匙
熟豆油	适量

做法 Recipe

❶ 取一汤锅，放入适量的水煮至滚沸后，放入细拉面汆烫至熟，然后捞起沥干。

❷ 将细拉面放在盘上，倒上少许熟豆油拌匀，要一边拌匀，一边将面条用筷子拉起吹凉。

❸ 把绿豆芽放进滚水中汆烫至熟后，捞起冲冷水至凉；黄瓜洗净后切丝，放在凉开水中浸泡，备用。

❹ 取一盘，将拉面置于盘中，再放上做法 3 的材料，最后淋上川味麻辣酱汁、撒上少许香菜即可。

传统凉面

　　说起来凉面的历史非常久远，它源于上古"伏日祭祀"这一活动。古时，民间为了感谢太阳神、火神给大地带来光热，滋养万物，便在伏日祭祀他们，到了三国时期，开始用食面来祭祀。到了唐代，因为面太热，便出现了"冷淘"这一消暑凉面，诗圣杜甫还曾作诗夸赞凉面"经齿冷于雪"。这道简易的传统凉面可谓是炎炎夏日里不可多得的避暑美食。

材料 Ingredient

油面	300 克
鸡胸肉	300 克
胡萝卜	100 克
黄瓜	100 克
水	300 毫升

调料 Seasoning

A:	
芝麻酱	1 大匙
鸡汤汁	适量
蒜泥	10 克
B:	
米酒	适量
盐	1/2 小匙

做法 Recipe

❶ 鸡胸肉洗净，并用沸水氽烫后捞起，加调料 B 和水，放入电饭锅中，煮到开关跳起，再闷约 10 分钟后取出，待冷却后切丝备用。

❷ 胡萝卜、黄瓜洗净切丝，备用。

❸ 油面放入沸水中氽烫，捞起沥干盛盘，接着放入鸡肉丝和胡萝卜丝、黄瓜丝，再加入调料 A，食用时拌均匀即可。

暖心暖胃美食惠：

羊肉炒面

因羊肉性温热，具有暖中补虚、开胃健脾的功效，便成为北方冬季人们餐桌上常见的肉食。这道羊肉炒面是一道营养非常丰富的美食，烹饪简单易学，一把面条，几片羊肉，拌炒在一起，喷香四溢。冬季比较怕冷的老年人，适时吃些羊肉炒面可以祛湿、避寒、暖胃。

材料 Ingredient

鸡蛋面	170克
羊肉片	150克
空心菜	100克
姜末	5克
蒜末	5克
辣椒丝	5克
食用油	适量

调料 Seasoning

盐	1/2 小匙
糖	适量
鸡精	1/2 小匙
米酒	适量
沙茶酱	适量
酱油	1 茶匙
蚝油	适量

做法 Recipe

❶ 煮一锅沸水，放入鸡蛋面煮约 1 分钟后捞起，冲冷水至凉后捞起沥干备用。

❷ 热锅，倒入食用油烧热，放入姜末、蒜末和辣椒丝爆香后，加入羊肉片炒至变色，再加入沙茶酱炒匀后盛盘。

❸ 重新加热油锅，放少许食用油，然后放入洗净切段的空心菜用大火炒至微软后，加入鸡蛋面、羊肉片和其余调料一起拌炒入味即可。

小贴士 Tips

➕ 羊肉片可先进行汆烫处理，这样一方面可以去腥，另一方面也可节省炒制时间。

➕ 羊肉片要与面条分开炒，羊肉片不容易熟，可先炒羊肉片，然后再炒面，最后拌匀即可。

食材特点 Characteristics

羊肉：性温，具有暖中补虚、开胃健脾的功效，是冬季御寒、补身体的佳品，尤适宜体虚怕冷、气血两亏及产后或病后需要调养之人食用。

空心菜：含有膳食纤维、果胶、维生素 C 等人体所需物质，具有清热解毒、增强体质以及降低血糖等功效。

家常最爱一碗面：
番茄牛肉面

番茄牛肉面可以说是我的最爱，也是我在家经常制作的一道面食。鲜香的汤汁汇聚了牛骨高汤、番茄和牛肉的精华，浓香中带着点点酸甜，不会给人油腻的感觉。再加上青白相间的小白菜和粒粒葱花，可口美味之余，更添诱人的样貌。

材料 Ingredient

熟牛腱	300 克
番茄	100 克
牛脂肪	50 克
生姜	50 克
洋葱	1/2 个
小白菜	适量
葱花	少许
拉面	1 把
食用油	适量
牛骨高汤	3000 毫升

调料 Seasoning

盐	1/2 小匙
白糖	适量
番茄酱	适量
豆瓣酱	1 茶匙

做法 Recipe

❶ 熟牛腱切块；番茄洗净切丁；香葱洗净切段；生姜、洋葱洗净去皮切碎；蒜去皮切末；小白菜洗净切段，放入滚水中烫约 1 分钟，捞起沥干水分备用；牛脂肪放入滚水中氽烫去脏，捞出沥干切块。

❷ 取一热锅，加少许食用油，将牛脂肪翻炒至焦黄干状态，放入葱段以小火炒至金黄色，加入姜碎、洋葱碎、蒜末炒约 1 分钟，再放入番茄丁、豆瓣酱略炒，然后加入熟牛腱块炒约 2 分钟。

❸ 将做法 2 倒入汤锅内，加入牛骨高汤煮沸以小火焖煮约 1 小时后，最后加入盐、白糖、番茄酱，煮至滚沸即制成番茄牛肉汤；将拉面放入滚水中煮约 4 分钟，然后捞出沥干水分并盛入碗中，再倒入番茄牛肉汤，放上焯好的小白菜，撒上葱花即可。

小贴士 Tips

➕ 喜欢吃辣者，可适当加入辣椒调味，别具一番风味。

食材特点 Characteristics

番茄：又叫西红柿，味甜，营养丰富，含有番茄红素、胡萝卜素、维生素 C 以及钙、磷、钾等多种营养素，具有祛斑、美白、防辐射、抗衰老、防癌等作用。

洋葱：含有膳食纤维、维生素及铁、硒等营养物质，可用于杀菌、抗感冒，还具有降低血压、预防癌症的功效。

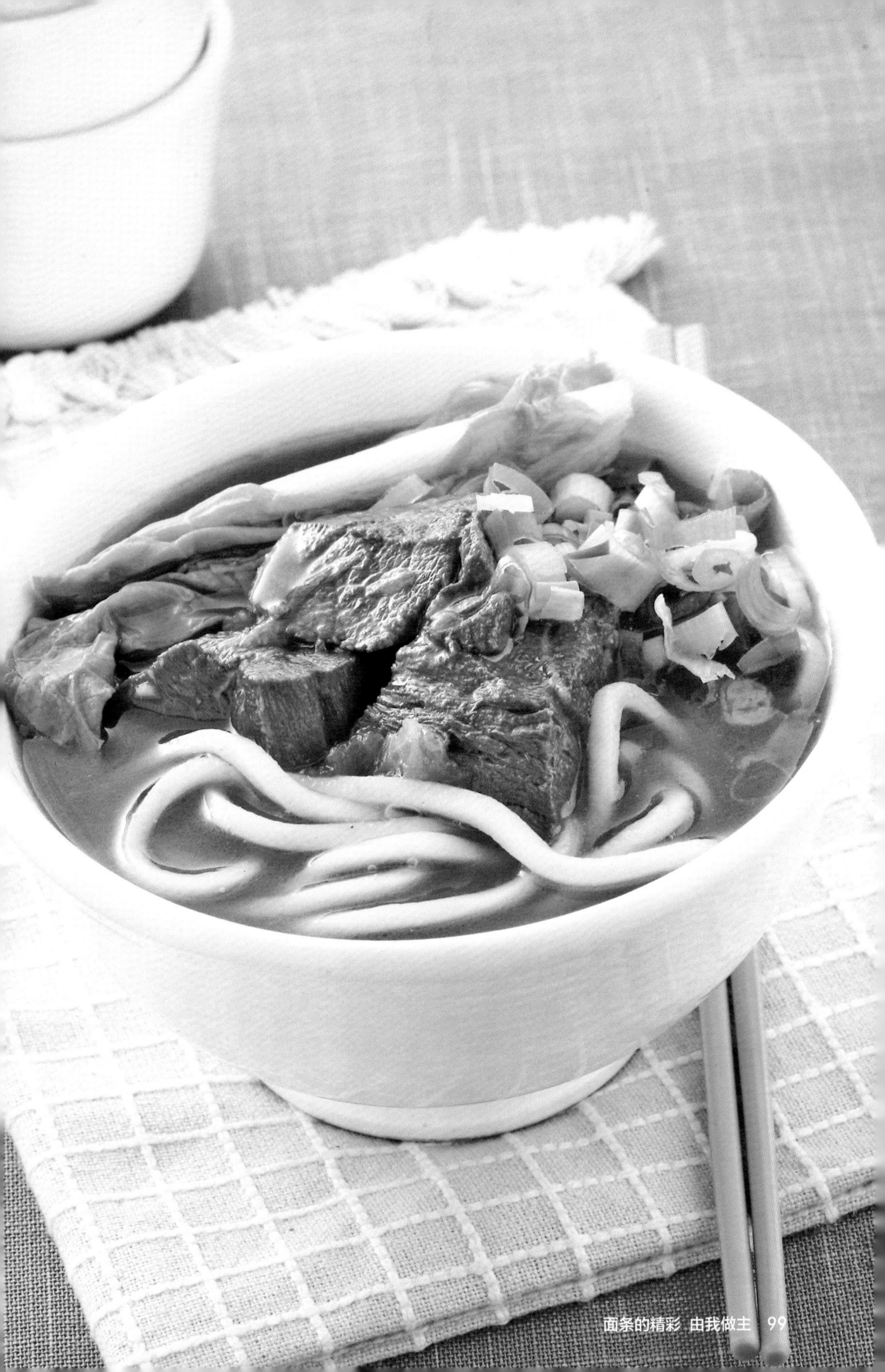

美食动人心：
麻酱面

　　麻酱就是用芝麻制成的酱，在中国饮食中被广泛使用，是一种非常平民化的调味品。麻酱和面条更是最完美的搭档。在炎炎夏日，如果能来上一碗麻酱面，搭配上清爽的黄瓜和甘甜的胡萝卜，不仅可以驱走暑热，而且似乎所有的烦恼也消失不见了。

材料 Ingredient	
凉面	150克
黄瓜	30克
胡萝卜	20克
水	适量
凉开水	40 毫升
色拉油	适量

调料 Seasoning	
A:	
麻酱汁	1 大匙
B:	
白醋	1 大匙
黑醋	适量
酱油	适量
白糖	适量
蒜泥	10 克

做法 Recipe

❶ 取一汤锅，加入适量的水，煮开后，将凉面放入滚水中氽烫约 2 分钟，然后捞起放凉，拌入适量的色拉油，使之不黏结。

❷ 黄瓜和胡萝卜洗净，切细丝，泡凉开水约 10 分钟后，沥干备用。

❸ 慢慢将凉开水加入麻酱汁里，不时搅拌直至均匀，再依序加入调料 B。

❹ 将酱汁淋在凉面上，放上胡萝卜丝和黄瓜丝即可。

扁担上的美味:
四川担担面

　　担担面，四川民间十分常见且颇具风味的小吃，中国五大面食之一。因其早期是用扁担挑着沿街叫卖而得名。担担面味道独特，鲜辣刺激，荤素搭配完美，色泽红亮，让人们在饱腹之余，不由得感叹其为"川味面食中的佼佼者"。

材料 Ingredient	
猪绞肉	120克
洋葱末	10克
蒜末	5克
干辣椒末	适量
葱花	少许
熟白芝麻	少许
细阳春面	110克
食用油	适量
水	适量

调料 Seasoning	
盐	1/2 小匙
白糖	适量
花椒粉	少许
红油	适量
芝麻酱	1 大匙
蚝油	适量
酱油	1 大匙

做法 Recipe

❶ 热锅，加入适量食用油，爆香洋葱末、蒜末，再加入猪绞肉炒散，然后放入葱花、花椒粉、干辣椒末炒香。

❷ 放入其余调料拌炒入味，再加入适量水炒至微干入味，即为四川担担酱。

❸ 煮一锅水，加入少量食用油，煮滚之后，再放入细阳春面拌散，煮约 1 分钟后捞起沥干盛入碗中。

❹ 在面中加入适量的四川担担酱，最后撒上葱花与熟白芝麻即可。

冰爽世界：
韩式冷汤面

炎炎夏日，烈日当头，胃口也变得不好了，那么不妨一起来学习制作这道韩式冷汤面吧。犹记得，第一次吃这道面，那口感真是不忍停箸。这道略带辛辣味的夏日提神冷汤面，做法简便，不用费多大功夫就能完成，吃上一口，冰冰爽爽，那股清凉感瞬间就驱散了夏日的暑气。

材料 Ingredient

荞麦面	250 克
牛肉	5 片
海带芽	适量
辣萝卜干	适量
黄瓜丝	适量
白芝麻	适量
牛高汤	300 毫升
冰块	适量
韩国辣椒粉	适量

做法 Recipe

❶ 将荞麦面烫熟、冲凉，放在碗中；海带芽泡软，备用。

❷ 牛高汤冰凉后，捞除表面油脂再加热，并放入韩国辣椒粉调味。

❸ 待牛高汤煮滚，将牛肉片放入烫熟后熄火，倒入另一个碗中，放入冰块降温待凉，再放入荞麦面、海带芽、辣萝卜干、黄瓜丝，撒上白芝麻即可。

小贴士 Tips

✛ 要想做出来的冷面口感筋道，一是不要煮太长时间；二是要用凉水反复冲洗煮好的面，只有洗去表面黏液，面条才会更滑；三是要将煮好的面放在冰水中浸泡。

✛ 冷面的辅助食材，可根据自己的需要选择添加。

食材特点 Characteristics

荞麦面：由有"消炎粮食"之称的荞麦加工制作而成，因为含有某些黄酮成分，而具有抗菌、消炎、止咳、祛痰的作用。

海带芽：生长在海洋中，营养价值很高，含有大量的维生素、膳食纤维、钙、钾、碘等人体所需物质，多吃可以降低血压。

清爽诱惑：

正油拉面

　　日本拉面来源于中国，后来经过改良，把以盐调味的中国拉面改成以酱油调味的日本拉面，使拉面更符合当地人的口味，这就是经典的日本正油拉面。正油拉面主要是以高汤、酱油为汤底制作，相对于味噌拉面，它的味道更清淡，再加上蔬菜、海鲜等食材，干干净净，清清爽爽。

材料 Ingredient

拉面	110 克
鲜虾	2 尾
鱼板	2 片
海苔	2 片
奶酪	2 片
芦笋	适量
玉米粒	适量
葱花	适量
正油高汤	600 毫升

做法 Recipe

❶ 将拉面放入沸水中煮熟，捞起沥干后，放入碗中。

❷ 鲜虾、芦笋洗净，放入沸水中氽烫，然后捞出沥干；玉米粒洗净，放入锅中煮熟，然后捞出，沥干。

❸ 正油高汤倒入锅中煮沸，再把烫过的鲜虾、烫过的笋干、玉米粒、鱼板稍煮，然后一起倒入拉面中。

❹ 食用前再加上海苔片及奶酪片即可。

小贴士 Tips

✚ 熬制正油高汤，需要的材料：A. 猪大骨 1 副，猪脚 1 副，鸡骨架 1000 克，鸡脚 1000 克。B. 洋葱 250 克，香葱 250 克，圆白菜 300 克，胡萝卜 300 克，葱 150 克，蒜 75 克。C. 水 15000 毫升，盐 35 克。做法：1. 将材料 A 洗净，放入沸水中氽烫去血水，捞出洗净备用。2. 将材料 B 洗净，切大块备用。3. 将做法 1 的材料与做法 2 的材料放入大锅中，加入材料 C 用中火煮 3~4 个小时即可。

食材特点 Characteristics

芦笋：又叫荻笋，营养价值很高，在国际上被称为"蔬菜之王"，含有蛋白质、膳食纤维、氨基酸等营养物质，具有开胃、降压的作用。

海苔：紫菜加工后的产物，营养丰富，含有维生素、矿物质、硒、碘等人体所需物质，具有维持人体酸碱平衡、促进生长发育、延缓衰老的作用。

营养健康好味道:
药膳牛肉面

药膳是我国传统医学的重要组成部分,源于我国"药食同源""寓医于食"的食疗文化,即用药材和食物搭配成膳食以达到养生和治病的目的。药膳牛肉面就是一道借助药膳的药力与药威的美食,在享受美味的同时达到保健强身、延年益寿的功效。

材料 Ingredient

宽面	200 克
牛肋条	300 克
小白菜	适量
红枣	8 粒
熟地	6 克
桂枝	5 克
党参	5 克
川芎	4 片
茯苓	4 克
白芍	3 克
当归	3 片
甘草	3 克

调料 Seasoning

盐	1/2 小匙
米酒	200 毫升

做法 Recipe

❶ 牛肋条放入滚水中氽烫除去血块,捞出后切成 3 厘米长的小段备用;所有药材用水洗净后,捞出沥干水分。

❷ 将牛肋条块、药材与米酒一起放入电饭锅内,按下开关炖煮,连续炖煮约 3 小时,起锅前加入盐调味,牛骨高汤即完成。

❸ 将宽面放入滚水中煮约 4.5 分钟,期间以筷子略微搅动数下,然后捞出沥干水分备用。

❹ 小白菜洗净后切段,放入滚水中烫约 1 分钟,再捞起沥干水分备用。

❺ 取一碗,将宽面放入碗中,再倒入药膳牛肉汤,加入汤中的牛肋条块,放上小白菜段即完成。

小贴士 Tips

✚ 放米酒的目的是为了去腥,如果没有米酒,可以用黄酒、料酒等代替。

食材特点 Characteristics

当归:常用中药材之一,药用价值很高,是治疗妇科疾病的好帮手,具有补血养血、调经止痛、滑肠润燥等作用。

茯苓:味甘、淡,性平,具有健脾、渗湿利水、宁心安神的功效,对水湿内停导致的水肿、小便不利及心神不安、惊悸失眠等症有较好的辅助治疗效果。

在舌尖上舞动：
原味清汤蛤蜊面

　　蛤蜊是人们经常食用的水产品之一，被誉为"天下第一鲜""百味之冠"，由此可见蛤蜊之美味。这道原味清汤蚌面把蛤蜊的香浓鲜味体现得淋漓尽致，高汤为清清爽爽的汤水中，增添了醇厚的味道，精心熬煮的蛤蜊，取其鲜美的汤汁浇淋在煮好的面条上，看似清汤寡面，吃起来却香浓溢口，浑鲜不腻。

材料 Ingredient

拉面	150克
小白菜	50克
蛤蜊	8颗
基础高汤	400毫升

调料 Seasoning

盐	适量

做法 Recipe

❶ 蛤蜊洗净，加入冷水和少许盐拌匀，静置使其吐沙；约2小时后，换水一次，继续吐沙；约2小时后，洗净蛤蜊，沥干水分备用。

❷ 于锅内放约半碗水煮至滚沸，放入蛤蜊。

❸ 盖上锅盖以中火煮至蛤蜊张开，然后马上熄火不可过熟，锅内的水和蛤蜊一起盛出备用；将基础高汤煮至滚沸加入盐调匀，备用。

❹ 备一锅滚沸的水，依序将拉面及小白菜煮熟。

❺ 煮熟后捞起，放入面碗中。

❻ 然后再将煮沸的高汤倒入碗中即可。

小贴士 Tips

➕ 用洋葱、圆白菜、姜片、香葱、鸡骨、猪骨、蛤蜊熬制基础高汤，用于制作面的汤底。

➕ 蛤蜊应该单独煮，如果直接将蛤蜊放入大锅中一起熬煮，不仅蛤蜊肉质老化，而且汤头的鲜美也会被其他食材给中和，因此，单独把蛤蜊煮出鲜味，再添加到汤头中是最恰当的做法。

面点的滋味
幸福的味道

　　面点是人们茶余饭后的茶点，虽然不是主食，但它的出现却使主食不再乏味。如果说主食是万众瞩目的牡丹，那么面点就是陪衬牡丹的绿叶，早午餐怎么能缺少面点的点缀呢？饼和饺子应该是最常见的面点，也是我们每一个人都可以操作的面点，面粉在我们的手中就如同魔法师手中的"魔法棒"，手指一挥便可以变换出无数美味。

面点 永远的记忆

每个人对食物的记忆都不同，很多时候，美食，并不仅仅是吃那么简单，它还是一段岁月的记忆，一段温馨的回忆。对于小孩子来说，面点是主食之外的狂欢，它不像主食那般正襟危坐，它和蔼可亲，让人触手可及。

在中国人的饮食中，面点所囊括的内容是很广泛的，南北方因地理环境、风俗习惯、原料物产等不同，对面点概念的理解也有很大不同，南方人习惯称之为"点心"，而北方人则习惯称之为"面食"。

面点是人类利用五谷的智慧结晶，随着研磨工具、油料、调味以及炊具的产生而产生，不管是热腾腾的大白馒头、香喷喷的葱油饼，还是造型各异的饺子、甜丝丝的糕点，都是中国人茶余饭后不可缺少的一部分。

说起中国人制作面点的历史，可以追溯到春秋战国时期，那时已有麦、稻、菽、黍、稷、粟、大麻子等谷物。人类从渔猎时代步入农耕时代，粮食作物的大面积种植为面点的产生提供了基础，但早期的面点小吃口感较差，并不为人们所普遍接受。

现代中国面点的风味流派形成经历了漫长的发展演变过程。东汉时，石磨被广泛使用，发酵等面点制作技艺也有所提高，面点开始在民间普及。隋唐时，中西方的面点交融产生了许多新的品种，如馄饨，在长安也出现了专卖胡饼、蒸饼、毕罗等的面点铺。两宋时期，市民文化发达，面点制作也朝着专业化的方向发展，此时的面点制作技艺日趋完善，如《东京梦华录》中记载北宋开封城就有不下10家专卖包子、馒头、肉饼、胡饼的面点名铺。《梦粱录》中则记载了南宋杭州的包子有细馅大包子、水晶包子、笋肉包子、虾鱼包子、江鱼包子、蟹肉包子、鹅鸭包子、七宝包子等。明清时期，中国面点的重要品种大部分均已出现，各风味流派基本形成，比较有名的有北京的豌豆黄、驴打滚、龙须面等，山西的刀削面、抻面，山东的煎饼、油饼等，苏州的糕团，扬州的包子、浇头面，广州的粉点等。

进入现代社会，随着西方文化进入中国，西方人的饮食习惯也在不知不觉中影响了中国人的饮食习惯，一些西餐面点的制作方法开始和中国传统的面点制作方法融合。中国传统的面点制作方法往往重油重糖，热量过高，在讲究健康生活的今天，似乎已经不符合人们的需要了，而西餐的面点往往讲究营养搭配，中西方的融合使中式面点更符合现代人的口味。

面点的发展变迁史，似乎也是我们的生活变迁史。随着现代化程度越来越高，我们的生活也变得越来越精致，可是不管生活变得多么精致，似乎永远都抵不上最初的味道，就像小时候的面点，没有华丽的装饰，没有洋气的食材，没有讲究的吃法，围坐在炉火边，站在妈妈的身后，等待妈妈将一团面团变成美味的面点小吃，那些似乎永远凝结在蒸腾的水汽中，成为永恒不变的记忆。

生活的味道：

火腿蛋饼

　　妈妈做的火腿蛋饼一直是我小时候的最爱，薄薄的煎饼里包裹着细腻的火腿片和香滑的鸡蛋，再点缀些许葱花，咬上一口，酥香的味道溢满口腔。如今，不管生活多么匆忙，我总会抽出时间做一些火腿蛋饼，淋上一些酱汁，和家人或朋友一起享受温馨的早午餐，美好的一天就在愉悦的心情之中开始。

材料 Ingredient

葱油饼皮　1 张
火腿　　　2 片
鸡蛋　　　1 个
葱花　　　适量
食用油　　少许

调料 Seasoning

盐　　　　1/2 小匙
酱油　　　适量

做法 Recipe

❶ 鸡蛋打入碗中搅散，加入葱花和盐拌匀。

❷ 取一平底锅，加入少许油烧热，放入火腿片，再倒入搅拌好的蛋液，然后盖上葱油饼皮煎至两面金黄，卷成圆条状盛起。

❸ 最后切块，淋上酱油即可。

小贴士 Tips

➕ 葱油饼可提前烙好，吃的时候只需加热即可。

➕ 鸡蛋里面加点葱花，可使鸡蛋饼的香味更加浓郁。

食材特点 Characteristics

鸡蛋：含有蛋白质、脂肪、胆固醇、氨基酸以及钾、钠、镁等矿物质，具有滋阴养血、宁心安神、健脑益智等功效。

火腿：含有蛋白质、脂肪、碳水化合物、烟酸以及钠、钾等矿物质，肉质细腻，口感鲜嫩，风味清香。

满口皆是玉米香：

火腿玉米蛋饼

做好一份火腿蛋饼，要是感觉不够饱满，想更添营养美味，那么玉米就是一个不错的选择。玉米口感香甜，营养丰富，色泽美观，可以与很多食材相互搭配。将火腿蛋饼轻卷少许煮好的玉米粒，薄薄的面饼透着玉米的金黄，散发着火腿的浓郁香味，大大地咬上一口，既有蛋饼的葱油香和火腿的焦香，还有玉米淡淡的甜味，非常可口。

材料 Ingredient

蛋饼皮	1 片
火腿	2 片
玉米粒	适量
食用油	适量

调料 Seasoning

玉米酱	适量
甜辣酱	适量

做法 Recipe

❶ 取一平底锅，放少许油，油热后放入蛋饼皮煎约 40 秒，然后翻面。

❷ 在蛋饼皮上摆上 2 片火腿、玉米粒，再淋上玉米酱，稍煎一下，再用铲子包卷起来，分切成小块后盛盘。

❸ 搭配甜辣酱一起食用即可。

小贴士 Tips

✚ 可直接买即食的玉米粒，也可提前把生玉米剥好、煮好。

✚ 可用玉米酱，也可用其他口味的酱料，依据自己的口味选择即可。

食材特点 Characteristics

玉米：含有丰富的维生素、膳食纤维、硒、镁、谷胱甘肽、玉米黄质、亚油酸等，具有减肥、防癌抗癌、降血压、降血脂、增加记忆力、抗衰老、明目、促进胃肠蠕动的作用。

食用油：在烹调过程中，食用油中的脂肪渗透到食材的组织内部，既可以增加菜肴的风味，又可以补充某些低脂肪菜肴的营养成分，从而提高菜肴的营养价值。

清晨的美好:

蛋饼卷

现在，不知为什么我总会想起大学里经常吃到的蛋饼卷，虽然只是一个小小的卷饼，营养却很丰富，鸡蛋可提供能量，圆白菜的维生素含量丰富，蛋饼皮则含有丰富的蛋白质。每天早晨，我们匆匆忙忙地跑向学校西门，就为了吃几个美味的蛋饼卷，伴随着美味的蛋卷饼，紧张忙碌的一天开始了。

材料 Ingredient

蛋饼皮	1张
圆白菜丝	100 克
鸡蛋	1个

调料 Seasoning

盐	少许

做法 Recipe

❶ 将圆白菜丝放入碗中，打入鸡蛋并撒上盐，充分搅拌。

❷ 取一平底锅，倒入少许油烧热，先放入蛋饼皮，再倒入做法 1，开小火烘煎至蛋液凝固，然后翻面继续煎至饼皮外观呈金黄色，趁热包卷起来盛出。

❸ 最后分切成块即可。

蓬松好味道：
肉松蛋饼卷

肉松传说是成吉思汗征战天下时携带的军粮，后来逐渐被人们所食用。肉松是以瘦肉除去水分制作而成，营养丰富，味美可口。这道肉松蛋饼卷就是一道简单的日常早点，末状的肉松丝丝成缕，与油香浓郁的蛋饼卷一起，更添饱满与美味，让人赞不绝口。

材料 Ingredient		调料 Seasoning	
蛋饼皮	1张	盐	少许
鸡蛋	1个		
肉松	适量		
葱花	少许		
食用油	少许		

做法 Recipe

❶ 鸡蛋打入碗中搅散，加入葱花和盐拌匀。

❷ 取一平底锅，加入少许油烧热，倒入做法1的蛋液，再盖上蛋饼皮煎至两面金黄。

❸ 将肉松铺在葱花蛋上，卷成圆筒状，斜角对切成二等份即可食用。

中式汉堡的滋味：
馒头肉松夹蛋

如今，西式的饮食习惯和烹饪方法逐渐走进我们的日常生活，丰富着我们的饮食文化。馒头肉松夹蛋就是一道中西合璧的面点，外观上看着和汉堡差不多，只不过将面包换成了馒头。由于馒头味道相对较为寡淡，孩子们不太喜欢，妈妈们就借鉴了西式汉堡的制作方法，在馒头里夹上肉松和煎蛋，极大地丰富了馒头的味道。

材料 Ingredient

馒头	1个
鸡蛋	1个
肉松	适量
葱花	少许

调料 Seasoning

盐	少许

做法 Recipe

1. 馒头横切一刀，但不能切断，然后入锅蒸软。
2. 鸡蛋加葱花、盐拌匀，入锅煎至金黄叠成长方形。
3. 将葱花蛋对切成两片，放入馒头中，再夹入肉松即可。

小贴士 Tips

- 馒头必须松软可口。
- 煎蛋时要注意火候，时间不宜过长，以免鸡蛋变老。

食材特点 Characteristics

馒头：主要由面粉和酵母制作而成，其中酵母营养非常丰富，除了含有蛋白质和碳水化合物外，还含有多种维生素、矿物质及酶类。

肉松：含有脂肪、维生素以及磷、钠、铁、硒、锰等矿物质，是由牛肉、羊肉、猪肉等脱水制成，食用方便，易消化，易储藏，适合儿童食用。

香香甜甜的味道：

养生红薯卷

　　薄薄白白的饼皮、糯糯软软的薯肉、星星点点的葡萄干，轻轻地一卷，看着是不是很想吃？这就是养生红薯卷，一份非常简单的面点。之所以称为养生红薯卷，是因为红薯营养丰富，含有多种维生素、蛋白质和矿物质等，具有补虚乏、益气力、健脾胃的功效。同时，零星点缀的核桃仁碎更添营养风味。

材料 Ingredient

红薯	1个
润饼皮	1张
熟核桃仁碎	30克
葡萄干	20克
熟黄豆粉	适量

调料 Seasoning

白糖	20克

做法 Recipe

❶ 将红薯洗净，不去皮直接放入电饭锅中蒸熟，然后取出剖半切成长条状。

❷ 取润饼皮铺平，撒上熟黄豆粉和白糖，放上切好的红薯条，撒上葡萄干和核桃仁碎，卷起包好即可。

小贴士 Tips

➕ 红薯可放黄豆粉，也可放其他佐料，根据个人口味选择。

➕ 红薯本身就有甜味，如果不喜甜食，可酌量添加白糖。

食材特点 Characteristics

葡萄干：含有丰富的蛋白质、碳水化合物、B族维生素、维生素C以及铁、磷、钠等矿物质，营养价值很高，可以直接食用，也可以做菜。

核桃仁：含有不饱和脂肪酸、蛋白质、碳水化合物、B族维生素以及镁、钾、磷、铁等矿物质，多食可减少肠道对胆固醇的吸收，还可改善记忆力、延缓衰老、润泽肌肤。

圆白菜培根煎饼

　　培根是西餐中经常用到的食材，在西方被认为是早餐的头盘。如今，培根等西餐食材也开始进入普通百姓的生活，与传统的中餐结合，碰撞出新的火花，产生了与传统中餐或西餐不同的味道。将煎饼包裹着培根、圆白菜，咬上一口，不仅香味四溢，而且也满足了人体对各种营养物质的需求。

材料 Ingredient

圆白菜丝	200 克
中筋面粉	90 克
培根丁	50 克
胡萝卜丝	20 克
蒜末	10 克
食用油	适量
水	160 毫升

调料 Seasoning

盐	1/2 小匙
鸡粉	1/2 小匙
胡椒粉	少许

做法 Recipe

❶ 中筋面粉过筛，加入水一起搅拌成糊状，静置约 40 分钟，备用。

❷ 于做法 1 中加入盐、鸡粉、胡椒粉以及圆白菜丝、胡萝卜丝、培根丁拌匀，即为圆白菜培根面糊，备用。

❸ 取一平底锅加热，倒入适量食用油，再加入圆白菜培根面糊，用小火煎至两面金黄熟透即可。

小贴士 Tips

➕ 面粉过筛，可使饼的口感更细腻，如果没有筛子也可以制作，但口感会略粗糙。

➕ 往锅里倒面糊时，不能倒太多，太多会导致饼太厚而影响口感。

食材特点 Characteristics

培根：含有脂肪、胆固醇以及磷、钾、钠等营养素，可以健脾、开胃、祛寒、消食等。

胡萝卜：主要含有 β – 胡萝卜素，有"小人参"之称，具有益肝明目、预防癌症、延缓衰老、降糖降脂、增强身体免疫力等功效。

平平淡淡就是真：
蔬菜蛋煎饼

煎饼是人们经常吃到的早餐之一，一般用蔬菜、鸡蛋、面粉加水拌成面糊，倒进锅中，煎熟即可。如果早上没有时间，面糊也可以在前一天晚上拌好，然后放进冰箱，第二天早上只需三五分钟就可做好，既没有华丽的装饰，也没有精致的制作技巧，只有最平凡简单的味道，但也许才最接近生活的本真。

材料 Ingredient

圆白菜	150 克
中筋面粉	100 克
胡萝卜丝	30 克
葱丝	30 克
鸡蛋	2 个
食用油	适量
水	适量

调料 Seasoning

盐	5 克

做法 Recipe

1. 圆白菜洗净后切小块；鸡蛋打散，然后加入盐、胡萝卜丝、葱丝及圆白菜块拌成蔬菜蛋液，备用。
2. 将中筋面粉与盐混合，加入水和食用油搅拌均匀，并拌打至有筋性。
3. 取一平底锅，加入食用油，等油稍热之后，先倒入一半面糊，摊平成直径约 20 厘米的煎饼，然后倒入蛋液，转小火慢煎至蛋液定型，再淋上另外一半面糊，并小心翻面，用小火煎约 3 分钟至熟即可。

小贴士 Tips

+ 在面粉中加入少许食用油，可以增加煎饼的口感。
+ 要注意把握火候，煎饼易熟，煎的时间如果太长，煎饼就会变硬。

食材特点 Characteristics

中筋面粉：即普通面粉，富含蛋白质、碳水化合物、维生素和钙、铁、钾等矿物质，具有养心安神、健脾补肾、生津止渴的功效。

食用油：含有的不饱和脂肪酸是人体生长发育必需的物质，它可使人的皮肤光滑润泽，头发乌黑发亮。

滋味在心头：
蔬菜润饼卷

润饼是流行于我国东南地区的小吃，起源于春秋时期，一般在清明时节食用。各种蔬菜切成丝后用薄薄的面皮卷起来，咬上一口，嫩脆甜润，醇香多味，要是蘸上各色酱料，别有一番风味。蔬菜润饼卷就是以多种常见的蔬菜水果为馅料制作而成，多种多样的原料，清香浓郁的口感，让人回味无穷。

材料 Ingredient

润饼皮 1 张
苜蓿芽　　70 克
黄甜椒　　60 克
红甜椒　　60 克
山药　　　60 克
苹果　　　50 克
芦笋　　　6 支

调料 Seasoning

色拉酱　　适量

做法 Recipe

❶ 将芦笋、黄甜椒、红甜椒、山药洗净切条，放入滚水中氽烫一下，捞出泡入冰水中至完全降温，然后捞出，沥干水分备用。

❷ 苹果和苜蓿芽洗净沥干，苹果切条备用。

❸ 取一张润饼皮摊平，先在中间放入适量的苜蓿芽，再加入做法 1 的食材和苹果条，淋上适量的色拉酱，最后将润饼皮包卷起即可。

小贴士 Tips

➕ 蔬菜要先进行氽烫处理，制熟。

➕ 可用色拉酱，也可用其他酱料，根据个人口味进行选择。

食材特点 Characteristics

芦笋：富含蛋白质、氨基酸、维生素及硒、钼、铬、锰等营养素，具有调节机体代谢、提高身体免疫力的作用，还可以预防高血压、心脏病等。

苹果：含有有机酸、果胶、蛋白质、维生素 A、B 族维生素、维生素 C、膳食纤维以及钙、磷、钾、铁等矿物质，可以降低胆固醇、促进胃肠蠕动、维持酸碱平衡等。

不一样的美味：
豆浆玉米煎饼

豆浆是我国传统的美味饮品，有"植物奶"的美誉，一般直接饮用，很少用来制作其他美食。不过如今美食的创意无限，豆浆也有了新的用法。豆浆玉米煎饼就是用豆浆代替水添加到面粉中制作而成，豆浆的清香与玉米的甜脆相互交融，别有一番滋味，不仅满足了人们对新味道的需要，也给生活带来了不一样的乐趣。

材料 Ingredient

玉米粒	150 克
肉松	50 克
低筋面粉	30 克
淀粉	10 克
鸡蛋	2 个
葱	1 根
红辣椒	半个
无糖豆浆	50 毫升
食用油	适量

调料 Seasoning

盐	1/2 小匙
白胡椒粉	少许

做法 Recipe

1. 将葱和红辣椒洗净切碎，备用。
2. 把鸡蛋打散，与淀粉、无糖豆浆一起加入低筋面粉中，然后混合搅拌均匀静置约 15 分钟，再加入葱碎、辣椒碎、玉米粒以及盐和白胡椒粉搅拌均匀备用。
3. 取一平底锅，加入适量食用油，倒入搅拌好的面糊，再撒上肉松，以中小火煎至两面金黄即可。

小贴士 Tips

- 做饼时，不仅豆浆可以作为原料添加，也可以选择其他的蔬果汁。
- 白胡椒粉口感辛辣，如果不喜辛辣口味的，可以去掉，或用其他的调料代替。

食材特点 Characteristics

红辣椒：含有辣椒碱、二氢辣椒碱等辣味成分，还含有挥发油、维生素 C、蛋白质、辣椒红素和钙、磷等，具有温中散寒、健胃消食的功效。

淀粉：即土豆淀粉，黏性足，质地细腻，色洁白，加水制成芡汁使用不仅能起到保护胃黏膜的作用，还可减少营养物质流失。

简单好味道：

吻仔鱼葱花煎饼

　　葱花煎饼可以搭配的食材多种多样，无论是轻卷蔬菜玉米，还是包裹火腿鸡蛋，香味浓郁的葱花香总是让人赞不绝口。这道煎饼选用的是吻仔鱼，吻仔鱼具体来说并不是一种鱼，而是各种稚仔鱼的总称。经过翻炒后的吻仔鱼鲜味香浓，与调试好的面粉在滚热的油锅里交融、渗透，金黄色的面饼慢慢成形，看着就是一种享受。

材料 Ingredient

吻仔鱼	50 克
中筋面粉	150 克
葱花	适量
蒜末	适量
食用油	适量
水	150 毫升

调料 Seasoning

盐	1/2 小匙
鸡粉	1/2 小匙

做法 Recipe

❶ 吻仔鱼洗净沥干。

❷ 取一炒锅，倒入少许食用油，将吻仔鱼和蒜末用小火炒约 3 分钟盛出。

❸ 中筋面粉中加入水、盐、鸡粉、葱花调匀，并将煎炒好的吻仔鱼与其混合，制成面糊。

❹ 取一平底锅，倒入适量的食用油，油烧热，淋入面糊煎至两面金黄即可。

简单随性：
辣味章鱼煎饼

章鱼和煎饼结合到一块，我想是很多人想不到的。多年前，我去海边旅游，在海边的一个小吃摊上见到过，生意非常火，我也尝了一块，既有煎饼的焦香油脆，又有章鱼的香浓海鲜味，再加上热辣的口感，非常好吃，至今难忘。这种看似简单、略显乡土的制作方法，却也有着挡不住的鲜美味道。

材料 Ingredient

圆白菜	150 克
章鱼	100 克
中筋面粉	90 克
玉米粉	30 克
玉米粒	30 克
葱花	25 克
洋葱末	15 克
食用油	适量
水	150 毫升

调料 Seasoning

盐	1/2 小匙
味醂	适量
辣椒酱	1 大匙
柴鱼粉	适量

做法 Recipe

1. 中筋面粉、玉米粉过筛，加入水搅拌均匀成糊状，静置约 40 分钟，备用。

2. 圆白菜和章鱼洗净，沥干水分，切块备用。

3. 于做法 1 中加入葱花、洋葱末、辣椒酱、盐、柴鱼粉、味醂及圆白菜块、章鱼块、玉米粒拌匀，制成辣味章鱼面糊，备用。

4. 取一平底锅加热，倒入适量食用油，再加入辣味章鱼面糊，用小火煎至两面金黄熟透即可。

一抹清新：
培根蛋三明治

随着越来越多的西餐端上我们的餐桌，中西方的饮食习惯在不知不觉中彼此交融。培根蛋三明治就是一种舶来的面点，制作非常简单，两片烘烤的面包片，中间夹上培根、煎蛋就好了。若是想要更加健康美味，可以再添上几片生菜，配上一碟酱料。这样的早午餐看着是不是很有情调？

材料 Ingredient

全麦面包	2 片
生菜	2 片
番茄	2 片
黄瓜	2 片
紫洋葱	2 片
培根	1 片
鸡蛋	1 个
食用油	适量

调料 Seasoning

美乃滋	适量

做法 Recipe

1. 全麦面包放入烤面包机内烤至金黄色后取出，抹上美乃滋备用。
2. 取一平底锅，倒入少许食用油，油烧热后，将鸡蛋和培根煎熟，备用。
3. 最后依次放上面包片、生菜、番茄片、煎蛋、黄瓜片、培根、紫洋葱片、面包片即可。

小贴士 Tips

- 面包可放进专门的面包机中烤制，也可以放进烤箱中烤制，但要注意控制火力。
- 三明治里面的夹层材料，可根据个人喜好进行选择。

食材特点 Characteristics

生菜：含有大量 β - 胡萝卜素、抗氧化物、维生素、膳食纤维以及镁、磷、钙等矿物质，具有清热提神、清肝利胆及养胃的作用。

黄瓜：富含蛋白质、糖类、维生素 B_2、维生素 C、维生素 E 以及钙、磷、铁等矿物质，可清热利水、生理止渴、降低血糖等。

至纯至真：
热狗三明治

热狗三明治是最常见、最传统的三明治，但对于当年学生时代的我来说却是难得的"奢侈品"，为了吃一个，省吃俭用几天，把自己平时的零用钱攒起来，到了周末跑到快餐店里买一个解解馋。如今，虽然可以吃到很多美味食品，但却再也吃不到那时的滋味了。周末休息在家，我们何不自己制作？随意搭配自己喜欢吃的食材，说不定那简单、熟悉的味道又回来了。

材料 Ingredient

船型面包　1 个
甜玉米粒　50 克
热狗　　　1 支
生菜　　　2 片
番茄　　　5 片
食用油　　适量

调料 Seasoning

黑胡椒　少许
番茄酱　适量
美乃滋　适量

做法 Recipe

① 船型面包中间切开后，放入烤箱用 150℃的高温烤至金黄色后取出备用。

② 取一平底锅，倒入少许食用油，油烧热，将热狗煎熟备用。

③ 甜玉米加入美乃滋拌匀备用。

④ 最后在船型面包中夹入生菜、热狗、番茄片、甜玉米，并撒上黑胡椒、抹上番茄酱即可。

小贴士 Tips

➕ 可选择即食的甜玉米，也可用生玉米自己制作。

➕ 面包放进烤箱进行烤制时，要注意把握烤制的火候。

食材特点 Characteristics

黑胡椒：味道辛辣，富含精油、油树脂、胡椒碱等，不仅可以刺激胃液分泌，增进食欲，还可以当作祛风药。

番茄酱：是由成熟番茄经多种工艺加工制作而成，含有番茄红素、B 族维生素、矿物质、膳食纤维、蛋白质及天然果胶等营养成分，而且番茄酱里的营养成分相比新鲜番茄而言，更容易被人体吸收。

幸福想象：
苹果芦笋三明治

芦笋享有"蔬菜之王"的美称，富含多种氨基酸、蛋白质和维生素，有很高的药用价值。这道苹果芦笋三明治制作简单，色泽清新，在三明治的夹缝中，酸甜的苹果片搭配上根根芦笋，青白相间，好看又美味。对于忙碌的上班族来说，这道苹果芦笋三明治是最适合不过的了，配上一杯牛奶，简单而又营养。

材料 Ingredient

白吐司	4 片
芦笋	50 克
苹果	30 克

调料 Seasoning

美乃滋	适量

做法 Recipe

1. 白吐司去边，备用；苹果洗净切片，备用。

2. 芦笋洗净切段，用开水氽烫至熟，然后捞出，沥干备用。

3. 将吐司涂上美乃滋，然后依序选上 1 片吐司、苹果片、1 片吐司、熟芦笋段、1 片吐司、苹果片、1 片吐司，对切即可。

小贴士 Tips

+ 苹果的维生素含量丰富，口感爽脆，放进三明治中，增加了三明治的口感和营养。

+ 吐司去边，不仅可以使三明治更加美观，而且也可以增加三明治软糯的口感。

食材特点 Characteristics

苹果：含有碳水化合物、果胶、蛋白质、维生素以及钙、磷、铁、钾等营养素，具有生津止渴、养心安神、健脾和胃、解暑等功效。

芦笋：味道清香爽口，口感润滑脆嫩，是一种风味独特且营养价值较高的绿色食品，食用方法也是多种多样，可以凉拌、炖汤、清炒，也可以做熟后卷饼，还可以下火锅，味道非常鲜美。

春节的愿望：

韭菜牛肉蒸饺

小时候最喜欢吃饺子了，特别是韭菜牛肉馅的，那时候妈妈一边擀皮一边包，我就在旁边看着，有时候也会学着包上几个。饺子可以水煮或清蒸，清蒸的韭菜牛肉馅饺子，一掀开锅盖，浓郁的香味扑鼻而来，薄薄的面皮里透着韭菜的青青绿色，看着就让人胃口大开。每次给家里人做饺子我都会选用韭菜牛肉馅，唇齿留香令人难忘。

材料 Ingredient

牛绞肉	200 克
肥猪绞肉	100 克
韭菜	150 克
葱	12 克
生姜	8 克
饺子皮	适量
水	80 毫升

调料 Seasoning

盐	3 克
鸡精	2 克
白糖	5 克
淀粉	5 克
黑胡椒粉	适量
香油	适量
酱油	10 毫升
米酒	10 毫升

做法 Recipe

❶ 韭菜、姜、葱分别洗净，沥干水分后，切成碎末，备用。

❷ 牛绞肉放入盆中，加入盐搅拌至有黏性后，加入鸡精、白糖、酱油及米酒拌匀备用。

❸ 将水与淀粉一起拌匀后，分 2 次加入做法 2 之中，一面加水一面搅拌至水分被牛肉完全吸收后，再加入肥猪绞肉搅拌均匀。

❹ 再加入做法 1 的所有材料以及黑胡椒粉和香油拌匀，制成韭菜牛肉馅。

❺ 用饺子皮包裹制好的韭菜牛肉馅，然后上锅蒸即可。

小贴士 Tips

➕ 蒸饺的面粉，可用淀粉，也可用烫面即用开水烫熟的中筋面粉，还可用澄粉制作水晶蒸饺，根据个人喜好选择。

食材特点 Characteristics

韭菜：富含多种维生素、膳食纤维和各种矿物质，具有促进肠道蠕动、减少胆固醇吸收的功效，对大肠癌、动脉硬化及冠心病有一定的预防作用。

酱油：除含有食盐外，还含有多种氨基酸、糖类及香料等成分，酱香独特、滋味鲜美，有促进食欲的作用。

回味无穷：
酸白菜牛肉蒸饺

白菜素有"百菜之王"的美誉，含有丰富的营养素，是餐桌上常见的蔬菜之一。酸白菜是白菜经过加工浸渍而成的，应用广泛，不仅可以做小菜，也可以与其他食材搭配。酸白菜牛肉蒸饺就是酸爽的白菜与鲜美牛肉的完美组合，被面皮包裹的馅料既有酸白菜的清脆酸爽，又有牛肉末的浓郁香味，咬上一口，酸香四溢。

材料 Ingredient

牛绞肉	500 克
酸白菜	500 克
葱花	50 克
姜末	30 克
饺子皮	适量
水	50 毫升

调料 Seasoning

盐	5 克
白糖	15 克
白胡椒粉	适量
酱油	15 毫升
绍兴酒	20 毫升
香油	适量

做法 Recipe

❶ 酸白菜洗净后挤干水分，切碎备用。

❷ 牛绞肉放入盆中，加入盐后搅拌至有黏性，然后加入白糖、酱油及绍兴酒拌匀后，将 50 毫升的水分两次加入，一面加水一面搅拌至水分被完全吸收。

❸ 最后加入酸白菜以及葱花、姜末、白胡椒粉及香油拌匀，制成酸白菜牛肉馅。

❹ 将馅料包入饺子皮，放入蒸锅蒸熟即可。

小贴士 Tips

➕ 酸白菜口味酸涩，一定要先进行清洗，然后再把水分挤干才可使用。

➕ 绍兴酒可换成米酒或料酒。

食材特点 Characteristics

酸白菜：含有丰富的铜元素，而铜元素是人体必需的微量元素之一，具有提高人体免疫力、促进消化吸收的功效。

香油：含有脂肪酸、维生素E、亚油酸等营养素，经常食用，可以调节人体毛细血管、加强人体组织对氧的吸收，并能改善血液循环、延缓衰老。

清脆滋味：
芹菜羊肉蒸饺

若有一道美食可以让人一直念念不忘，那么芹菜羊肉蒸饺便有这样的魅力，那历久弥香的味道，尝过之后便让人无法自拔。刚出炉的芹菜羊肉蒸饺，芹菜与羊肉的醇香味道阵阵扑鼻而来，加上完全渗透入饺子中的葱香、香油，即使连不爱吃芹菜的人都忍不住想要一尝这道美味了。

材料 Ingredient

羊绞肉	500 克
芹菜末	150 克
葱花	30 克
姜末	30 克
饺子皮	适量
水	50 毫升

调料 Seasoning

盐	5 克
白糖	10 克
白胡椒粉	适量
酱油	15 毫升
绍兴酒	20 毫升
香油	适量

做法 Recipe

❶ 羊绞肉放入盆中，加入盐后搅拌至有黏性。

❷ 再加入白糖、酱油、绍兴酒拌匀后，将 50 毫升的水分两次加入，一面加水一面搅拌至水分被完全吸收。

❸ 最后加入芹菜末、葱花、姜末、白胡椒粉及香油拌匀，制成芹菜羊肉馅。

❹ 将馅料包入饺子皮，上锅蒸熟即可。

小贴士 Tips

➕ 要向一个方向搅拌肉馅，这样才能给肉馅上劲。

➕ 肉馅可加少许的食用油或香油，然后再加入蔬菜，这样不仅可以使饺子馅更加香滑，而且还可以减少蔬菜出水，防止维生素流失。

食材特点 Characteristics

羊肉：含蛋白质、脂肪、碳水化合物、矿物质和维生素等，既能御风寒，又可补身体，对风寒咳嗽、虚寒哮喘、肾亏阳痿、体虚怕冷、气血两亏等一切虚状均有辅助治疗作用。

芹菜：富含蛋白质、碳水化合物、B 族维生素以及钙、磷、铁、钠等矿物质，具有平肝清热、祛风利湿、解毒宣肺、清肠利便、降低血压等功效。

万花盛开饺子宴：

玉米青豆蒸饺

如今，人们在传统饺子的基础上发展出独具特色的饺子宴，众多造型各异的饺子不仅充分展示出人们丰富的想象力，也在不断满足人们日益挑剔的口味。这款玉米青豆蒸饺就是一道让人赞不绝口的创新美味，玉米艳丽的色泽、香甜的口味和青豆的圆润糯软相互融汇，再加上猪肉浓郁的肉香，由内而外渗透出美食的天然本色。

材料 Ingredient

猪绞肉	300 克
罐头玉米粒	80 克
青豆	60 克
胡萝卜	50 克
葱	12 克
生姜	8 克
饺子皮	适量
水	50 毫升

调料 Seasoning

盐	3 克
白糖	3 克
鸡精	2 克
白胡椒粉	适量
酱油	10 毫升
米酒	10 毫升
香油	适量

做法 Recipe

1 生姜、葱洗净切碎，备用；胡萝卜洗净切成丁，备用。

2 猪绞肉加入盐后搅拌至有黏性，再加入鸡精、白糖、酱油及米酒拌匀后，将水分两次加入，一面加水一面搅拌至水分被完全吸收。

3 再加入青豆、玉米粒、胡萝卜丁、姜末、葱末及白胡椒粉、香油拌匀，制成玉米青豆猪肉馅。

4 将馅料包入饺子皮，上锅蒸熟即可。

小贴士 Tips

+ 蒸饺在放入蒸锅时，要注意彼此之间保持距离，这样才能防止出锅时粘连。

+ 做蒸饺饺子皮的面要和得硬一点，这样蒸出来的饺子口感才好。

食材特点 Characteristics

青豆：富含不饱和脂肪酸、大豆磷脂、儿茶素、表儿茶素、α-胡萝卜素、β-胡萝卜素等，可以保持血管弹性、预防脂肪肝、延缓身体衰老、消炎抗菌、降低心脏病的风险等。

米酒：含有 10 多种氨基酸，其所含营养成分非常容易被人体吸收，尤其适合中老年人、孕产妇及身体虚弱者食用，有很好的补血养气作用。

享受吧，早午餐

意想不到的美味：
甜椒猪肉蒸饺

猪肉可以说是饺子馅料里的常客，而甜椒似乎一般都是作为佐料添加，可是把甜椒与猪肉混合剁馅，却产生了令人意想不到的惊喜。甜椒特殊的气味和猪肉饱满的口感完美地融合在一起，再加上甜椒好看的色泽，使这道甜椒猪肉蒸饺有了别具一格的魅力。

材料 Ingredient

猪绞肉	300 克
甜椒	130 克
生姜	8 克
饺子皮	适量
水	50 毫升

调料 Seasoning

盐	3 克
鸡精	3 克
白糖	5 克
白胡椒粉	适量
酱油	10 毫升
米酒	10 毫升
香油	适量

做法 Recipe

❶ 甜椒洗净去籽；生姜洗净，切碎，备用。

❷ 将甜椒放入沸水中余烫约 30 秒，捞起以冷开水冲凉并沥干水分切丁状，备用。

❸ 猪绞肉中加入盐搅拌至有黏性，加入鸡精、白糖、酱油及米酒拌匀后，将水分两次加入，一面加水一面搅拌至水分被完全吸收。

❹ 加入姜末、白胡椒粉及香油拌匀后，再加入甜椒一起拌匀，制成甜椒猪肉馅。

❺ 将馅料包入饺子皮，上锅蒸熟即可。

小贴士 Tips

➕ 制作蒸饺馅料时，可以事先把原料制成半熟品，这样蒸制时更容易熟。

➕ 饺子馅中要加入适量的水，这样才能保证饺子内馅有充足的水分。

食材特点 Characteristics

甜椒：富含维生素 A、维生素 B_6、维生素 C、叶酸和钾元素，具有健胃、利尿、防腐的功效。

酱油：主要由大豆、小麦、盐发酵酿制而成，用作调味，可以增加菜肴的味道和改变菜肴的色泽。

妈妈的创意：
咖喱鸡肉煎饺

每次我和弟弟回家，妈妈都会给我们包饺子吃。今年五一回家，我和弟弟都说："每次都是一样的馅料，都吃腻了，要不就别吃饺子了。"妈妈却笑着说："这次给你们包的饺子是你们以前从来没吃过的。"原来妈妈是用咖喱代替传统的调料，做了一道咖喱鸡肉煎饺，咖喱和鸡肉的完美融合，让饺子有了不一样的味道。

材料 Ingredient

鸡腿	300 克
洋葱末	200 克
胡萝卜	40 克
姜末	8 克
饺子皮	适量
食用油	适量

调料 Seasoning

盐	5 克
鸡精	3 克
白糖	3 克
咖喱粉	适量
黑胡椒粉	适量
米酒	10 毫升
香油	适量

做法 Recipe

1 胡萝卜洗净切小丁，放入沸水中氽烫至熟；鸡腿去除骨头将肉剁碎，备用。

2 取一平底锅，放入少许食用油加热后，放入洋葱末与咖喱粉用小火炒约 1 分钟起锅，放凉备用。

3 切碎的鸡腿加入盐搅拌至有黏性，再加入做法 2、胡萝卜丁、姜末、黑胡椒粉、鸡精、白糖、米酒、香油拌匀，制成咖喱鸡肉馅。

4 将馅料包入饺子皮，煎熟即可。

小贴士 Tips

+ 咖喱是有刺激性气味的调料，胃不好的人建议少吃。
+ 咖喱粉要事先炒熟，再放入饺子馅中。

食材特点 Characteristics

鸡腿：肉质鲜嫩，富含容易被人体吸收的蛋白质，可增强人体抵抗力，尤适宜畏寒怕冷、月经不调、身体倦怠、营养不良、贫血虚弱的人群食用。

洋葱：富含维生素 C 及钾、锌、硒等营养成分，还含有槲皮素和前列腺素 A 两种特殊营养物质，具有维护心血管健康、增进食欲、促进消化、消炎杀菌等作用。

淡淡的思念：
腊味鸡肉蒸饺

腊味食品是我的最爱。小时候，腊肠、腊肉只有在过年的时候才能吃到，现如今，平时在超市里也可以很方便地买到腊肠、腊肉。如果周末在家，悠闲地逛一逛超市，然后买些腊肠做一顿美味的腊味蒸饺，也是一种不错的选择呀，说不定你又能找回小时候过年的感觉了！

材料 Ingredient

去皮鸡腿肉	500 克
腊肠	100 克
葱花	40 克
香菜末	30 克
姜末	20 克
饺子皮	适量

调料 Seasoning

盐	5 克
白糖	10 克
白胡椒粉	适量
酱油	15 毫升
绍兴酒	20 毫升
香油	适量

做法 Recipe

1. 将腊肠放入蒸锅中蒸熟，然后放凉，切小丁备用。
2. 将去皮鸡腿肉剁碎，放入盆中，加入盐后搅拌至有黏性，然后加入白糖、酱油、绍兴酒拌匀。
3. 最后加入腊肠丁、葱花、香菜末、姜末、白胡椒粉及香油拌匀，制成辣味鸡肉馅。
4. 将馅料包入饺子皮，上锅蒸熟即可。

小贴士 Tips

- 腊肠要先蒸熟，这样不仅可以节省饺子蒸制的时间，而且可以使腊肠更容易出香味。
- 如果不喜欢生姜的味道，可以用烧开的水泡姜片，然后用姜水拌饺子馅。

食材特点 Characteristics

腊肠：以肉类为原料，切碎后配以各种辅料，然后灌入动物肠衣经发酵、成熟干制成的肉类食品，具有开胃、增强食欲的功效。

香菜：其茎叶既可作为蔬菜食用，又可用作配菜香料，具有祛风、透疹、健胃、化痰的作用。

蒸出来的幸福：

孜然香葱牛肉蒸饺

青白相间的香葱与翠绿的芹菜相配，再加上孜然的浓郁香气，给人一种清新感。这道蒸饺虽以牛肉拌料，姜丝、黑胡椒佐味，但味道上却很清淡。吃上一口，舌尖仿佛拂过一阵春风那般畅快，吃惯了肥腻厚味食物的你，这道略显清淡的蒸饺说不定能给你带来不一样的惊喜。

材料 Ingredient

牛绞肉	500 克
芹菜末	150 克
香菜末	30 克
葱花	30 克
姜末	20 克
饺子皮	适量

调料 Seasoning

盐	5 克
白糖	10 克
孜然粉	适量
黑胡椒粉	适量
酱油	15 毫升
米酒	20 毫升
香油	适量

做法 Recipe

❶ 牛绞肉放入盆中，加入盐后搅拌至有黏性，再加入孜然粉、白糖、酱油、米酒拌匀。

❷ 然后加入芹菜末、香菜末、葱花、姜末、黑胡椒粉及香油拌匀，制成孜然香葱牛肉馅。

❸ 将馅料包入饺子皮，上锅蒸熟即可。

小贴士 Tips

➕ 加入孜然粉不仅可以增加孜然特有的香味，而且可以起到去腥的作用，但如果不喜孜然，也可以不加。

➕ 蒸饺最好凉水上锅蒸，这样蒸出的蒸饺口感才会松软可口。

食材特点 Characteristics

牛肉：蛋白质含量高，脂肪含量低，有"肉中骄子"的美誉，能补中益气、强筋健骨、化痰息风、止渴止涎。寒冬食牛肉，可以强身暖胃，是补益之佳品。

葱：含有蛋白质、碳水化合物、多种维生素及矿物质等，多食对人体有益，可以促进消化、抗癌及杀菌消毒等。

煎出来的美味：

茄子猪肉煎饺

　　我们家楼下新开了一家东北饺子馆，里面有猪肉大葱馅、茴香猪肉馅、茄子猪肉馅等不同种类，这让吃惯韭菜馅的我大开眼界，原来饺子馅还可以这么丰富多样。在这个饺子馆里，我比较喜欢茄子猪肉馅的，所以我自己在家也试着做了一次，没想到意外的好吃。剁得细碎的茄子散发着原汁原味的清香，中和了猪肉的油腻，吃上一个，满口留香，满是幸福的感觉。

材料 Ingredient

猪绞肉	300 克
茄子	300 克
罗勒	40 克
姜末	30 克
葱花	30 克
饺子皮	适量
食用油	适量

调料 Seasoning

盐	5 克
白糖	10 克
白胡椒粉	适量
酱油	15 毫升
绍兴酒	20 毫升
香油	适量

做法 Recipe

❶ 罗勒洗净切碎，备用；茄子洗净切小丁，然后取一平底锅，倒入适量食用油，油温约 180℃时，将茄子丁下锅炸约 10 秒定色，捞出沥干油后放凉备用。

❷ 猪绞肉放入盆中，加入盐后搅拌至有黏性，然后加入白糖、酱油、绍兴酒拌匀，再加入处理好的茄子丁、罗勒以及姜末、葱花、白胡椒粉、香油拌匀，制成茄子猪肉馅。

❸ 将馅料包入饺子皮，然后再取一平底锅，倒入适量的食用油，油烧热后，放入包好的饺子，煎至两面金黄即可。

小贴士 Tips

➕ 茄子可先进行油炸，让茄子吸收一部分油脂，增加饺子的香味。

➕ 煎饺在盖锅盖之前应该加适量的水，否则饺子很容易糊锅。

食材特点 Characteristics

茄子：性味苦寒，宜夏天食用，有助于清热解暑，尤适宜容易长痱子、生疔疮者食用，但消肠胃较弱、易腹泻的人则不宜多食。

罗勒：含有蛋白质、膳食纤维、维生素 A、B 族维生素、维生素 C、维生素 E 等，具有疏风行气、渗湿利水、促进消化、活血解毒的功效，对外感头痛、食胀气滞、月经不调等症也有一定的辅助治疗作用。

焦香滋味：
香蒜牛肉煎饺

　　蒜苗和牛肉是一对很新鲜的搭档，正是这看似毫不相干的两者结合在一起，却产生了令人意想不到的惊喜。蒜苗特殊的香气和牛肉润滑的口感完美地融合在一起，咬上一口，回味无穷。其实，烹饪的魅力不仅在于对美食的追求，还在于对未知的探索，一盘简单的饺子也能带来无限可能。

材料 Ingredient

牛绞肉	200 克
肥猪绞肉	100 克
蒜苗	50 克
香菜	20 克
葱	12 克
生姜	8 克
饺子皮	适量
食用油	适量
水	适量

调料 Seasoning

盐	5 克
白糖	3 克
鸡精	3 克
黑胡椒粉	适量
淀粉	15 克
酱油	10 毫升
米酒	10 毫升
香油	适量

做法 Recipe

1. 香菜、蒜苗洗净，切碎；牛绞肉加入盐搅拌至有黏性。
2. 淀粉和水调成水淀粉，然后加入鸡精、白糖、酱油及米酒拌匀，分两次加入牛绞肉中，一面加水一面搅拌至水分被牛肉完全吸收。
3. 再加入肥猪绞肉、香菜末、蒜苗末、黑胡椒粉及香油拌匀，制成香蒜牛肉馅。
4. 将馅料包入饺子皮，然后再取一平底锅，倒入适量的食用油，油烧热后，放入包好的饺子，煎至两面金黄即可。

小贴士 Tips

- 加入淀粉，可以使牛肉的口感更加鲜嫩。
- 如果是给老人或小孩吃，可去掉鸡精。

食材特点 Characteristics

蒜苗：所含辣素的杀菌能力很强，可以杀灭病原菌和寄生虫，具有预防流感、驱虫、防止伤口感染、治疗感染性疾病的功效。

肥猪肉：脂肪为其主要成分，含有饱和脂肪酸，和人体所需的卵磷脂和胆固醇，可给人体提供更高的热量。

鲜香好味道:

红薯肉末炸饺

当蒸熟成泥的红薯、葱花、洋葱邂逅猪肉时，一道美味就这样诞生了。这道红薯肉末炸饺形如盛开的菊花，油炸后的饺子金黄金黄的，皱起的褶子犹如盛开的花瓣。炸饺不但好看，还很好吃，饺子的外皮焦香油脆，散发着浓浓香气的红薯糯软香甜，剁碎的肉末在馅里流淌着香热的汤汁，吃上一个满口鲜香，真是不可多得的美味。

材料 Ingredient

红薯	400 克
猪绞肉	200 克
葱花	60 克
洋葱末	30 克
蒜末	30 克
饺子皮	适量
食用油	适量

调料 Seasoning

盐	5 克
白糖	5 克
白胡椒粉	适量
香油	适量

做法 Recipe

1 红薯洗净去皮后切厚片，盛盘放入蒸锅，蒸约 20 分钟后取出，压成泥。

2 取一平底锅，放入少许食用油烧热，以小火炒香洋葱末及蒜末后，放入猪绞肉炒散，加入盐、白糖、白胡椒粉，小火炒至水分收干后，取出放凉。

3 将制好的红薯泥放入盆中，加入盐、白胡椒粉、香油拌匀后，再将做法 2 的材料及葱花加入红薯泥中拌匀，制成红薯肉末陷。

4 将馅料包入饺子皮，然后取一锅，倒入适量食用油烧热后，放入包好的饺子，炸熟即可。

小贴士 Tips

⊕ 红薯口感绵软香甜，加入肉馅中，可以中和猪肉的油腻。

⊕ 饺子馅料中加入香油可以增加香味。

食材特点 Characteristics

红薯:含有丰富的蛋白质、淀粉、果胶、膳食纤维、氨基酸、维生素及多种矿物质，有"长寿食品"的美誉，具有保护心脏、降低血糖及美容的功效。

洋葱：气味辛辣浓烈，适合用来炝锅，可以健脾开胃、降低血压、提神醒脑，对感冒也有一定的预防作用。

招牌好味道：
韭菜牡蛎炸饺

　　记得几年前，朋友邀请我过元旦，一块吃牡蛎饺子，因为第一次吃感觉鲜美的不得了，给我留下非常深刻的印象。后来一直试着做，只是牡蛎的季节性很强，不易买到新鲜的食材。这道韭菜牡蛎炸饺采用油炸的方法，添加韭菜既可以去腥，又可以添味，吃起来面皮油香焦脆，很有新鲜感。

材料 Ingredient

猪绞肉	300 克
牡蛎肉	300 克
韭菜	100 克
葱花	30 克
姜末	20 克
饺子皮	适量
食用油	适量

调料 Seasoning

盐	4 克
白糖	10 克
白胡椒粉	适量
酱油	15 毫升
米酒	20 毫升
香油	适量

做法 Recipe

❶ 韭菜洗净，切碎；牡蛎肉洗净，沥干水分。

❷ 猪绞肉放入盆中，加入盐后搅拌至有黏性，再加入白糖、酱油、米酒拌匀。

❸ 加入韭菜末、葱花、姜末、白胡椒粉及香油拌匀，包时再加入牡蛎肉即可。

❹ 取一锅，倒入适量食用油烧热后，放入包好的饺子，炸熟即可。

小贴士 Tips

✚ 炸饺子的油温一定要够，油温过低时饺子皮容易吸油，炸好的饺子吃起来会油腻不酥松，一般油温约150℃，要用小火炸，起锅前再转中大火，这样比较容易炸熟，而且饺子皮也不易吸太多油。

食材特点 Characteristics

牡蛎：含锌量非常高，具有养心安神、滋阴潜阳、软坚散结、收敛固涩的功效，尤适宜惊悸失眠、阴血亏虚、潮热盗汗、体虚少食等人群食用。

韭菜：因含有挥发性精油和硫化物而散发出一种独特的辛香气味，但因为硫化物遇热易挥发，故韭菜不宜过分加热过火，需急火快炒。

团聚与想念：
鲜虾水饺

对于喜欢吃虾仁的人来说，就不得不提这道鲜虾水饺。酥软浓郁的虾仁，清香爽口的马蹄，在静悄悄间相互融汇，那样温润鲜香的味道，不仅补充了身体所需的营养，更在悄无声息间解了馋。

材料 Ingredient		调料 Seasoning	
鲜虾	30 只	盐	5 克
虾仁	200 克	白糖	10 克
马蹄	100 克	胡椒粉	少许
葱末	30 克	香油	少许
洋葱末	10 克	米酒	适量
水饺皮	300 克		
水	适量		

做法 Recipe

❶ 鲜虾去壳、去肠泥后洗净，加入米酒抓匀腌渍约10 分钟备用。

❷ 虾仁以刀背拍碎，制成虾仁末；马蹄洗净去皮剁碎，制成马蹄末。

❸ 取一大容器，放入虾仁末、马蹄末、葱末、洋葱末，然后放入盐、白糖、胡椒粉、香油一起搅拌均匀，制成虾仁内馅。

❹ 取一水饺皮，于中间部分放上适量虾仁内馅，再放上一只处理好的鲜虾包好，然后下锅煮熟即可。

晶莹美味:

雪菜素饺

这是一款地地道道的素菜馅饺子，雪菜口感酸爽、清脆鲜美，加上艳红似火的红甜椒，暗香悠悠的豆干，搅拌间呈现出一片万紫千红的景象。煮熟后的雪菜素饺，洁白的面皮包裹着红红绿绿的饺子馅，晶莹剔透，看起来就美味无比。

材料 Ingredient		调料 Seasoning	
雪菜	400 克	姜末	30 克
豆干	200 克	盐	5 克
红辣椒	30 克	白糖	10 克
饺子皮	适量	香油	适量
食用油	适量		
水	适量		

做法 Recipe

❶ 雪菜洗净后用手挤干水分，切细丝；红辣椒去籽洗净，切末；豆干切小丁。

❷ 取一平底锅，放入适量食用油烧热，以小火爆香姜末及红辣椒末，再放入豆干丁炒香，然后加入雪菜、盐及白糖，炒至水分收干，加入香油炒匀后盛出放凉。

❸ 将馅料包入饺子皮，下锅煮熟即可。

香糯可口的美味：

甜菜鸡肉炸饺

　　紫红的甜菜根和鲜嫩的鸡腿肉在洁白面皮的包裹下，好似在演绎一场食物之间的爱恋故事。脆甜的甜菜根色泽艳丽，含有丰富的蛋白质、维生素和其他营养素，具有提高食欲、降低血压、预防贫血的功效，与鲜嫩的鸡腿肉一起搭配，经过滚烫的热油煎炸，香糯可口，是不可多得的美味。

材料 Ingredient

去皮鸡腿肉	400 克
甜菜根	300 克
葱花	40 克
姜末	20 克
饺子皮	适量
水	适量

调料 Seasoning

盐	5 克
白糖	10 克
淀粉	适量
白胡椒粉	适量
酱油	15 毫升
绍兴酒	20 毫升
香油	适量

做法 Recipe

1. 甜菜根洗净，去皮刨丝，沥干水分备用。
2. 去皮鸡腿肉剁碎，放入盆中，加入盐后搅拌至有黏性，然后加入白糖、酱油、绍兴酒拌匀。
3. 最后加入甜菜根丝、葱花、姜末、淀粉、白胡椒粉及香油拌匀即成。
4. 将馅料包入饺子皮，下锅煮即可。

小贴士 Tips

+ 制作饺子馅的蔬菜，可事先用食用油或香油搅拌，这样可以防止蔬菜维生素的流失。
+ 饺子馅中加入淀粉，可使饺子的口感更加细嫩。

食材特点 Characteristics

甜菜根：味甘，性平微凉，是制作砂糖的主要原料，也可当作蔬菜食用，具有健脾消食、止咳化痰、顺气利尿、清热解毒等功效。

白胡椒：主要含有胡椒碱，也含有一定量的芳香油、粗蛋白、淀粉和可溶性氮，具有祛腥、解油腻、增进食欲、促进消化的功效。

粥的温度
温暖的滋味

　　粥，是脉脉温情中带着的那股槐花香，淡雅而令人沉醉。粥在中国的饮食历史可追溯到远古时代，《周书》中曾记载曰："黄帝始烹谷为粥。"由此可见，粥与中国人的关系，不仅源远，而且亦如粥黏稠绵密的特性一样，早已成为中国文化的一部分，与中国人不可分割，相濡以沫。它不仅是妈妈的味道，还有暖暖的回忆，如果能熬煮一锅粥，于晨曦暮霭中静静品尝，那温暖的感觉就会瞬间蔓延全身，一身的疲惫也会随之消失殆尽。

粥 温暖的味道

粥的味道是什么？有人说是咸的，有人说是甜的，还有人说什么味道也没有。让我说，粥的味道是温暖的，它是冬天瑟瑟寒风里的一抹暖阳，是寂寞无助的时光里的一丝慰藉，还是记忆中妈妈温柔甜美的声音。

煮粥，似乎已经成为人们的日常习惯，没有理由，也没有道理可讲，如太阳朝升暮落般自然而然。

无论是爱喝粥，还是爱做粥，每个人的感受都会不一样，就像清代袁枚所说的烹粥之道："见水不见米，非粥也；见米不见水，非粥也。必使水米融洽，柔腻如一，而后谓之粥。"如此就可知，烹粥的门道并非加米和水熬煮那么简单，它需要时间和爱心的慢慢滋养。人们总说，有爱的食物是最美味的，如果没有精心呵护，再昂贵的食材也做不出美味的食物。

虽然熬一碗粥是一件简单的事情，但在生活中，粥却也是个"角色"。每碗粥，因人而异，因人而熬，满足了我们每一个人的需求。

不同的粥可以有咸甜、浓淡的差别，但无一例外，都会给人一种温暖的感觉。细品慢咽，口齿萦香，不仅暖了胃，暖了心，也会带给人一整天的好心情。

想要煮出好吃的粥其实也很简单，不管其所用锅具是什么，高压锅也好，电饭煲、砂锅也好，只要有新鲜的食材即可。即使只有一个红薯加一捧大米，也能煮出记忆中最美好的粥。

粥是养人的，一碗精心调配食材的养生粥，味道丰富，滑喉易食，满满的营养素与肠胃相得，这就是饮食的妙诀之处。清晨喝上一碗精心熬制的粥，不仅叫醒了尚在沉睡的身体，而且也满足了人们所需的能量。但有时我们会因为贪睡了几分钟而错过了家里那碗热气腾腾的粥，也会因为一天的辛苦工作而失去制作晚餐的精力。于是，我们辗转于各式餐厅，品尝各种菜肴，但是总会想起那一碗清粥和一碟小菜，因为那是家的滋味，是不能忘却的铭记于心的味道。

很多次，久出归来，若是家里有温暖的灯光，桌上有浓淡相宜的清粥小菜，还有期盼等待的家人，温暖的情绪便会瞬间涌上心头，即使再苦再累，也能卸下一身疲惫，享受这平淡静好的小日子。好的生活其实很简单，不需要人群簇拥、灯光闪耀，也不需要餐餐丰盛、山珍海味，只要家人陪伴在身边，享受着最简单的食物，温暖而长久。

　　也许你平时的生活太忙碌了，没有时间去慢慢熬一碗粥，那就趁周末的休闲时光，为自己熬一碗粥吧，在厨房热气腾腾的烟雾里，感受那温暖的滋味。

清清白白最养人：
白粥

　　白粥在我的家乡被称为稀饭，是最常见的粥品之一。小时候，每天早晨，妈妈都会煮一小锅白粥，蒸一些馒头或在外面买点油条，炒个简单的小菜或凉拌些咸菜。我们在妈妈的不断催促中不情愿地爬起床，洗漱过后围坐在餐桌前吃早餐。如今，我已经很少在家吃早餐了，大多是在上班的路上买些早点吃，那些温馨的情景只能依稀出现在脑海中了。

材料 Ingredient

大米	150 克
水	3000 毫升

做法 Recipe

❶ 用冷水将大米淘洗干净，倒掉多余的水分，沥干备用。

❷ 取一不锈钢锅，加入 3000 毫升的清水，用大火将水煮开，然后放入洗净的大米煮至滚开。

❸ 待煮 2~3 分钟后再转小火，维持滚开的状态边煮边搅，煮 10~15 分钟至米烂粥稠即可。

小贴士 Tips

⊕ 煮粥时，若是不小心出现烧煳的情况，不要担心，先熄火，注意不要搅拌，然后将上面未烧糊的部分盛出来，放入另一个锅里即可。

 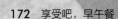

简单平实的美味:
小米粥

　　小时候，我的肠胃不好，每天早上妈妈都会为我熬一碗小米粥，那时总觉得这如白水般没有味道的小米粥一点也不好喝。妈妈总是说，喝了吧，小米粥最养胃。长大后，离家在外，行走在城市间，不管工作多忙，早上都会喝一碗小米粥，因为那已不仅仅是一碗粥，而是远方妈妈的牵挂。

材料 Ingredient

小米	100 克
燕麦片	50 克
水	1500 毫升

调料 Seasoning

冰糖	15 克

做法 Recipe

❶ 用清水将小米洗干净，然后浸泡约 1 小时，沥干水分后，备用。

❷ 燕麦片用清水洗干净，然后沥干水分，备用。

❸ 将处理后的小米和燕麦片放入电饭锅或砂锅中，加水拌匀；如果是电饭锅，粥煮至开关跳起，然后再加入冰糖，闷煮约 5 分钟即可；如果是砂锅，粥煮至呈黏稠状，加入冰糖，闷约 5 分钟即可。

甜蜜的思念：
南瓜粥

南瓜粥简单得不能再简单了，大米和南瓜的"相遇"造就了它平凡而香甜的滋味，这就是我大学时最甜蜜的回忆。那时，每天下午上完课和几个同学风风火火地赶到食堂，一碗南瓜粥，一小碟青菜，一个馒头，一边吃，一边聊天。毕业之后，我们离开校园，各奔东西，也吃到不少的美味，但却越来越怀念那时的南瓜粥，怀念那样的纯真年代。

材料 Ingredient

大米	300 克
南瓜	200 克
南瓜子	适量
葵瓜子	适量
水	700 毫升

调料 Seasoning

冰糖	15 克

做法 Recipe

❶ 南瓜洗净去皮，然后切小块放入搅拌机中，再加入 400 毫升水，打成南瓜汁备用；大米淘净。

❷ 汤锅中倒入 300 毫升的水，用中火把水煮沸，然后放入打好的南瓜汁再次煮沸，加入大米改小火煮至黏稠。

❸ 最后加入冰糖调味，食用时撒上适量的南瓜子和葵瓜子即可。

凝聚的智慧：
八宝粥

八宝粥是中国的一道传统粥品，不管是南方，还是北方，都广受人们喜爱。其实，八宝粥的食材没有固定，往往根据地域与季节，选择最易得的食材，经过精心熬制，变成美味。这就好像中国人容纳百川的智慧与胸襟一样。

材料 Ingredient

糙米	50 克
大米	50 克
圆糯米	20 克
薏米	50 克
花生仁	50 克
赤小豆	50 克
绿豆	40 克
莲子	40 克
水	1600 毫升

调料 Seasoning

冰糖	15 克

做法 Recipe

❶ 将糙米、薏米、花生仁一起用清水洗净，浸泡至少 5 小时后沥干水分；赤小豆洗净，用水浸泡至少 5 小时后沥干，浸泡水留下；将大米、圆糯米、绿豆、莲子一起洗净沥干备用。

❷ 将所有材料连同泡赤小豆的水一起放入电饭锅中，加入 1600 毫升水拌匀，煮至开关跳起。

❸ 最后加入冰糖拌匀即可。

养生好粥：
枸杞甜粥

如果不喜欢清清白白的白粥，那么枸杞甜粥就是一种不错的选择。一碗洁白的大米粥点缀着零星的枸杞子，红白相衬，煞是好看。枸杞甜粥简单易做，同时还有一定的滋补作用，喝上一碗，既满足了饥饿的身体，又补充了营养，可谓一举两得。

材料 Ingredient

大米	200 克
枸杞子	15 克
水	1500 毫升

调料 Seasoning

冰糖	10 克

做法 Recipe

❶ 用清水将大米淘洗干净，倒掉多余的水分，备用。

❷ 枸杞子洗净，沥干水分备用。

❸ 取一不锈钢锅，加入清水，用大火将水煮开，放入洗净的大米煮至滚开。

❹ 待煮 2~3 分钟后再转小火，维持滚开的状况边煮边搅，至稍微浓稠，再加入洗净的枸杞子，煮约 10 分钟，最后加入冰糖调味即可。

小贴士 Tips

➕ 若是不爱吃甜的可以不添加冰糖，也可以用其他调料来代替。

➕ 大米与水的量要合适，粥不宜煮得太稠或太稀。

食材特点 Characteristics

大米：是中国人的主要粮食作物之一，味干性平，被誉为"五谷之首"，具有补中益气、健脾养胃、除烦止渴、通血脉的功效。

枸杞子：性平味甘，药食两用，具有滋肝补肾、益精明目、延缓衰老、润肺生津的功效。

绽放的花朵：
红糖小米粥

　　红糖和小米都是滋补佳品，每当身体疲惫时，一碗红糖小米粥便可使人恢复体力。尤其是对女性而言，它更是补血美容的佳品，多食可使面色红润、皮肤润滑，还可作为产后女性调理身体绝佳之选。女人如花，而红糖小米粥就是滋养花儿的肥料，有了它的精心呵护，花朵会绽放得更加灿烂。

材料 Ingredient

小米	150 克
燕麦片	60 克
枸杞子	少许
水	2000 毫升

调料 Seasoning

红糖	20 克

做法 Recipe

❶ 小米洗净，泡入冷水中浸泡约 1 小时后，捞出沥干备用。

❷ 燕麦片洗净沥干；枸杞子洗净沥干。

❸ 将水和小米放入砂锅内，以大火煮至滚沸后，转至小火煮约 10 分钟，再加入燕麦片煮约 10 分钟，最后加入红糖和枸杞子，焖煮约 2 分钟即可。

小贴士 Tips

➕ 燕麦片是易熟的食材，因此，熬煮的时间不宜过长，如果时间过长，就会失去燕麦片的黏稠感。

➕ 红糖和枸杞子是调味品，只需稍微焖煮即可。

食材特点 Characteristics

小米：性凉，味甘咸，具有健脾养胃、和中益肾、清热解渴的功效，尤适宜脾胃虚热、反胃呕吐、消渴、泄泻患者食用。

燕麦片：具有丰富的膳食纤维、维生素 B_1、维生素 B_2、亚油酸以及钙、磷、铁等矿物质，多食可促进胆固醇排泄、改善血液循化、预防骨质疏松、防止贫血等。

养生好粥：
绿豆薏米粥

　　绿豆薏米粥是一道常见的传统养生粥品，所需材料和制作方法都特别简单，却具有很好的清热解毒、润肺利咽效果。另外，其软糯的口感、清香的味道、淡雅的色泽也让人赞不绝口。准备好绿豆、薏米和大米，和适量水一起入锅，经过一段时间的等待，一道美味又养生的粥品就完成了。

材料 Ingredient

绿豆	100 克
薏米	80 克
大米	50 克
水	1500 毫升

调料 Seasoning

白糖	15 克

做法 Recipe

❶ 绿豆和薏米一起洗净，泡水约 2 小时后沥干水分，备用。

❷ 大米洗净沥干水分，备用。

❸ 将大米、绿豆、薏米放入电饭锅内，加水拌匀，煮至开关跳起，继续闷约 10 分钟，最后加入白糖调味即可。

小贴士 Tips

➕ 甜粥所用的糖，其实并没有规定是哪一种，白糖、冰糖或红糖都可以选择。如果想要香气浓郁的，可以选择白糖或红糖；如果想要养生一点的，则可以选择冰糖或红糖。

➕ 薏米耐煮，因此，在煮之前最好浸泡一段时间，让其充分吸收水分。

食材特点 Characteristics

绿豆：含有丰富的蛋白质、碳水化合物、维生素 B_1、维生素 B_2，以及钙、磷、铁等矿物质，具有降血脂、降胆固醇、消炎杀菌、增进食欲、保护肝脏的功效。

薏米：性微寒，味甘淡，含有氨基酸、蛋白质糖类等营养素，具有健脾胃、清肺热、祛风湿、消水肿等功效。但脾胃虚寒者、虚寒症患者不宜多食。

极品咸粥：
皮蛋瘦肉粥

皮蛋瘦肉粥是一道经典的广式粥品，流传甚广。记得小时候，妈妈会经常熬制皮蛋瘦肉粥，说是能清热去虚火。对于我来说，记得最清楚的依然是它咸香糯软的味道，皮蛋醇香、瘦肉嫩滑，十分香浓，一口就能感受到它独特的芳香。每次喝皮蛋瘦肉粥时，都会让我想起妈妈的背影和满满的关怀之情，既饱腹又暖心。

材料 Ingredient

大米	100 克
瘦猪肉	200 克
皮蛋	2 个
葱花	适量
姜丝	少许
水	1500 毫升

调料 Seasoning

白胡椒粉	少许
鸡粉	少许
盐	1 小匙
香油	1 小匙

做法 Recipe

❶ 皮蛋剥壳，每个切成等量的 8 瓣备用。

❷ 瘦猪肉洗净沥干水分，用适量盐拌匀腌 3 小时至入味，再放入电饭锅蒸 20 分钟，然后取出切片备用。

❸ 大米洗净备用，然后取一深锅，放入大米以小火煮开，然后放入皮蛋、瘦猪肉、姜丝、鸡粉、白胡椒粉、盐一起煮开后，再继续煮 3~5 分钟熄火，食用前加入香油，撒上葱花即可。

小贴士 Tips

➕ 皮蛋瘦肉粥中的皮蛋和瘦肉都是熟制的食材，因此煮的时间不宜过长，时间过长不仅会影响口感，而且会影响美观。

➕ 皮蛋瘦肉粥中的辅助食材，可根据具体情况选择。

食材特点 Characteristics

皮蛋：具有清热去火、养心安神的功效，对牙疼、口疮、眩晕耳鸣等症有很好的食疗效果。

猪瘦肉：含有丰富的蛋白质、脂肪、碳水化合物、钙、磷、铁等营养素，具有补虚强身、滋阴润燥、丰肌润肤的作用。

味觉的盛宴：
肉片粥

　　肉片粥虽然是一道简单的咸粥，味道却十分丰富。喷香的肉片，醇香的米饭，几片绿色的菜叶点缀其间，而油葱酥的香味则在唇齿间爆炸，瞬间弥漫了整个口腔。一碗小小的肉片粥，融合了各种味道，就如同体验了百味人生。

材料 Ingredient

大米	100 克
猪里脊肉	100 克
小白菜	50 克
油葱酥	适量
葱花	少许
水	1500 毫升

调料 Seasoning

盐	5 克
鸡粉	少许
白胡椒粉	少许

做法 Recipe

❶ 大米洗净沥干；小白菜洗净，沥干水分后切小片备用；猪里脊肉洗净切片，放入滚水中氽烫至熟，捞起晾干。

❷ 取一汤锅，加入清水，煮沸后加入大米煮约 20 分钟，然后加入猪里脊肉片煮约 10 分钟，再加入小白菜片煮约 5 分钟。

❸ 最后加入盐、鸡粉、白胡椒粉调味，撒上油葱酥和葱花煮匀即可。

我的小幸福：
花生仁红枣粥

　　在快节奏的都市生活中，人们总是匆匆忙忙，来不及停下脚步欣赏沿途的风景，随意吃着没有营养的街边食物。唯有下班回家，才可以拥有自己的世界，这时便可卸下身上的负担，走进厨房，熬一碗简单的花生仁红枣粥。当浓郁的香气飘满厨房时，便可以感受到生活的真切存在，这时，一碗小小的花生仁红枣粥便可满足我对幸福的所有想象。

材料 Ingredient		调料 Seasoning	
大米	100 克	白糖	15 克
花生仁	100 克	奶粉	10 克
圆糯米	20 克		
红枣	50 克		
水	1500 毫升		

做法 Recipe

① 花生仁洗净，用水浸泡约 4 小时后沥干水分，放入冰箱冷冻一个晚上备用。

② 大米、红枣、圆糯米一起洗净并沥干水分，备用。

③ 将处理过的大米、圆糯米、花生仁、红枣放入电饭锅中，加入水拌匀，煮至开关跳起，再加入奶粉继续闷约 5 分钟，最后加入白糖拌匀即可。

远方的牵挂:
桂圆燕麦粥

圆圆透亮的桂圆,星光点点的燕麦,晶莹如玉的大米,清雅的色泽,浓郁的香气,是不是很想吃?这就是桂圆燕麦粥,一道非常家常的美味粥。桂圆不仅好吃而且营养丰富,能够补心脾,益气血,健脾胃,具有美容、延年益寿的功效,非常适宜老年人和产妇食用。桂圆还寓意团圆,每天早上做一份桂圆燕麦粥,带给家人温馨与关爱。

材料 Ingredient

燕麦	100 克
大米	100 克
圆糯米	20 克
桂圆干	40 克
水	2500 毫升

调料 Seasoning

冰糖	20 克
米酒	少许

做法 Recipe

1. 燕麦洗净,泡水约 3 小时后,沥干水分备用。
2. 圆糯米和大米一起洗净,沥干水分备用。
3. 在汤锅中加入清水煮沸,然后将做法 1、做法 2 的材料放入汤锅中,用中火煮至滚沸,稍微搅拌后改转小火加盖熬煮约 15 分钟,最后加入桂圆肉、冰糖、米酒煮至再次滚沸即可。

小贴士 Tips

- 加少量米酒不仅可以增加桂圆的香气,而且因为分量很少,煮过以后酒气会散发掉,所以不用担心吃起来会有酒味。
- 燕麦、圆糯米、大米在熬煮时要注意把控时间,熬制成黏稠状即可。

食材特点 Characteristics

桂圆干:含有维生素 B_1、维生素 B_2、维生素 C、烟酸等营养素,可安神定志、益气补血、养血安胎,对失眠健忘、心悸怔忡、脾虚腹泻、产后体虚之人有益。

圆糯米:含有蛋白质、脂肪、糖类、维生素 B_1、维生素 B_2、烟酸以及钙、磷、铁等营养素,可补中益气、健脾养胃、增进食欲,对腹胀腹泻也有一定的缓解作用。

琼浆玉液:
花生仁豆浆粥

豆浆是中国传统的特色饮品,含有丰富的营养成分,且易于消化吸收,因此深受人们的喜爱,从而一跃成为牛奶的最佳替代品。除了传统的黄豆豆浆外,红枣、枸杞、绿豆、百合等都可以成为豆浆的配料。而将豆浆跟大米、圆糯米、花生仁等一起煮粥,不仅口味新鲜,营养也更加丰富了。

材料 Ingredient

大米	40 克
圆糯米	40 克
花生仁	100 克
豆浆	300 毫升
水	1000 毫升

调料 Seasoning

白糖	15 克

做法 Recipe

1. 大米、圆糯米、花生仁洗净后,沥干备用。
2. 电饭锅中放入清水煮沸,然后放入大米、圆糯米、花生仁,煮约 10 分钟后,加入豆浆拌匀,再盖上盖继续煮。
3. 煮至开关跳起后,加入白糖拌匀即可。

小贴士 Tips

- 花生仁虽然容易煮熟,但不容易煮得松软绵细,如果将花生仁泡在水中冷冻一个晚上,这样就能自然破坏花生仁里的硬组织,第二天煮的时候口感就会细致绵密。
- 熬煮豆浆时,要注意不要盖上盖子,生豆浆有毒,在熬煮的过程中需要散发毒性,盖上盖子不利于毒性的挥发,并且要不停地搅拌,因为豆浆容易糊锅。

食材特点 Characteristics

圆糯米:味甘性温,黏性大,口感细腻,具有补虚养血、健脾养胃、补中益气、增进食欲的功效。

豆浆:含有丰富的植物蛋白、磷脂、烟酸以及铁、钙等营养素,具有滋阴润燥、调和阴阳、生津止渴、祛寒暖胃的作用。

丰收的喜悦：
百合白果粥

如果要用两个词来形容这道粥的话，我想应该是"清新明丽，淡而不俗"。百合与白果不仅口感清爽，而且营养丰富。百合具有良好的滋补效用，能够养阴清热、清心安神；白果含有多种维生素和其他营养素，能够润肺止咳、扩张血管。所以，百合与白果结合熬制成粥绝对是一道极佳的养生粥。

材料 Ingredient

白米饭	300 克
干百合	30 克
白果	40 克
枸杞子	10 克
水	750 毫升

调料 Seasoning

冰糖	15 克

做法 Recipe

❶ 将干百合和枸杞子一起洗净备用。

❷ 汤锅中倒入水，用中火煮至滚沸，放入白米饭改转小火煮至颗粒散开，加入做法 1 的材料和白果继续煮至再次滚沸。

❸ 最后加入冰糖调味即可。

小贴士 Tips

➕ 以白米饭搭配易熟的材料煮粥，可以缩短熬粥的时间，只需根据个人口味调整黏稠度即可。

➕ 百合只需稍加闷煮，多煮就会丧失其营养成分。

食材特点 Characteristics

百合：含蛋白质、脂肪、还原糖、淀粉、B 族维生素、维生素 C 及钙、磷、铁等营养素，具有养心安神、润肺止咳的功效。

白果：含淀粉、蛋白质、脂肪、糖类、维生素 C、维生素 B_2 以及钙、磷等营养素，具有益肺气、治咳喘、保护血管、增加血流量等功效。

养心佳品：

赤小豆薏米粥

看着一粒粒被赤小豆染红的米粒，就忍不住想要把它们送入嘴里慢慢咀嚼，赤小豆的沙软与米粒的香糯完美融合，别有一番滋味。常食赤小豆能补血活血，使人面色红润有光泽，还能清热解毒，健脾益胃。薏米含有的纤维素是五谷类中最高的，低脂低热量，是减肥的绝佳利器。

材料 Ingredient

白薏米	40 克
红薏米	40 克
大米	30 克
赤小豆	120 克
水	2500 毫升

调料 Seasoning

冰糖	15 克

做法 Recipe

❶ 白薏米、红薏米和赤小豆一起洗净，泡水约 6 小时后沥干水分，备用。

❷ 大米洗净，沥干水分，备用。

❸ 汤锅中倒入水用中火煮沸，放入白薏米、红薏米、赤小豆再次煮沸，改小火加盖焖煮约 30 分钟，再加入大米拌匀煮沸，改小火煮至米粒熟透且稍微浓稠，最后加入冰糖调味即可。

小贴士 Tips

➕ 红薏米是指"糙薏米"，只脱去外壳，保留了膜的薏米，因为膜略带红色，所以又称为红薏米，营养价值很高。

➕ 薏米和赤小豆都是不易煮熟的食材，因此需要在熬煮之前充分泡水，才能煮出好吃的甜粥。

食材特点 Characteristics

白薏米: 性凉，味甘淡，具有利水渗湿、健脾养胃、清热排脓、除痹止泻的功效，对水肿、湿热脚气、小便不利、筋脉拘挛、咯吐脓血、脾虚泄泻等症有良好的辅助治疗作用。

赤小豆: 具有清热退黄、利湿消肿、解毒排脓的功效，并且富含叶酸，具有良好的催乳功效，也可用于降血压、降血脂、调节血糖、减肥美容等。

美味又养生：
紫米粥

　　紫红色的米粒一颗一颗错落有致地散落在碗中，使这道粥看着就格外诱人。吃过的人对那种清香爽口、甜度适中的口感更是忘不掉，最重要的是它还是一款养生粥品。紫米含有丰富的赖氨酸、色氨酸、各种维生素以及其他营养素，具有补血益气、暖脾胃的功效，对神经衰弱患者有很好的食疗作用。

材料 Ingredient

紫米	100 克
大米	30 克
圆糯米	20 克
水	2000 毫升

调料 Seasoning

冰糖	15 克
奶精	适量

做法 Recipe

❶ 紫米洗净，用冷水浸泡约 6 小时备用。

❷ 大米和圆糯米一起洗净并沥干水分，备用。

❸ 汤锅中加入清水煮沸，将紫米、大米和圆糯米放入煲锅中，用中火煮至滚开后，改小火熬煮约 40 分钟至熟软，加入冰糖调味。

❹ 食用前可淋上少许奶精增添风味。

美味养颜神仙粥:
山药粥

　　有一次，我到一位同事家做客，同事的妈妈正好过来看她，晚饭时她们一家执意要留我吃饭，说是尝尝家乡菜的味道。餐桌上有一道山药粥，是用新鲜大骨熬制的高汤加上大米、山药、海苔等熬煮而成，尝一口，鲜美的味道震撼了整个身体，我从来没有喝到过如此美味的粥。

材料 Ingredient		调料 Seasoning	
大米	100 克	盐	3 克
山药	150 克		
韭菜花	20 克		
海苔	1 张		
葱	半根		
大骨高汤	500 毫升		
水	1000 毫升		

做法 Recipe

❶ 大米洗净，沥干水分备用；山药去皮洗净后，切成条状放入滚水中氽烫，然后取出备用；葱洗净切成葱花备用；海苔用剪刀剪成条状备用；韭菜花洗净切段备用。

❷ 取一汤锅，放入清水煮沸，放入大米再煮沸后，放入大骨高汤、韭菜花、山药以中火煮至黏稠状。

❸ 最后撒入葱花、海苔丝即可。

酸甜美味:

山楂粥

　　我的家乡靠近太行山，每到秋天，父母都会带我去山上游玩，永远难忘的是那漫山遍野的山楂、柿子、核桃等野果。我总是迫不及待地想要品尝，可是柿子树太高大，核桃的壳太硬，只有山楂，既能摘到，味道又很好。爸爸妈妈总会摘走好多，回家之后，熬成山楂粥，放点冰糖，酸酸甜甜。长大后，多少次梦到儿时的秋天和记忆中那美味的山楂粥，于是我就自己动手做了一次，竟也异常美味。

材料 Ingredient

圆糯米	100 克
山楂	50 克
水	2000 毫升

调料 Seasoning

冰糖	15 克

做法 Recipe

❶ 圆糯米洗净，用冷水浸泡 2 小时后沥干水分；山楂洗净备用。

❷ 取一深锅，加入清水用大火煮开，转小火，放入山楂边搅边煮约 15 分钟后捞起山楂，再加入圆糯米继续煮约 1 小时。

❸ 最后加入冰糖调味即可。

小贴士 Tips

⊕ 若消化功能不好的人，可以用广东粥底代替圆糯米，但口感绵软，没有嚼劲。

⊕ 熬山楂粥时，可以选择新鲜的山楂，也可以选择山楂干。

食材特点 Characteristics

山楂：微甘，含有蛋白质、脂肪、糖类等营养成分，能促进胃液分泌，可以起到帮助消化的作用，是减肥消脂的好帮手。

冰糖：味甘，性平，是砂糖的结晶再制品，具有补中益气、和胃润肺、养阴生津、润肺止咳的功效，但糖尿病患者不宜食用。

珍惜美好时光：
芋泥紫米粥

芋头原产于印度，我国华南地区率先引进，普遍种植于珠江流域、长江流域等地区，北方虽然也有种植，但数量很少。芋头经常出现在南方的菜肴中，但在北方它却只是一种"点心"。小时候，芋头那软软糯糯的口感总是让人垂涎欲滴，那时的我们总是围在妈妈身边，迫不及待地想要尝一口，那场景似乎永远映在脑海里，成为生命中最温暖的回忆。

材料 Ingredient

紫米	100 克
大米	50 克
芋头	50 克
水	2000 毫升

调料 Seasoning

冰糖	15 克
白糖	少许

做法 Recipe

❶ 紫米洗净，泡水约6小时后，沥干水分备用；大米洗净，沥干水分备用。

❷ 汤锅中倒入水煮沸，放入紫米和大米用中火煮至滚开，改小火加盖焖煮约25分钟，最后加入冰糖调味。

❸ 芋头洗净，去皮切片，然后放入蒸锅中，蒸约30分钟，取出趁热压成泥状并加入少许白糖调味，最后搓成圆球状备用。

❹ 将做好的紫米粥盛入碗中，再放入芋头球，食用时稍微搅拌均匀即可。

小贴士 Tips

➕ 如果想要口感细腻一点，芋头可以用筛网过筛成芋泥，去掉芋头中的粗纤维，这样口感更加滑润柔细。

➕ 紫米口感较硬，在熬煮之前最好泡水，使其充分吸收水分，这样在熬煮的时候不仅易熟，而且口感更绵软。

食材特点 Characteristics

紫米：含赖氨酸、色氨酸、维生素 B_1、维生素 B_2、蛋白质、脂肪以及铁、锌、钙、磷等人体所需的矿物质，可以治疗胃寒痛、消渴、夜尿频繁等症。

芋头：性平，味甘辛，口感细软，绵甜香糯，具有调中气、益脾胃、化痰散结的功效，还有保护牙齿的作用。

平凡的味道：
红薯粥

　　香糯可口的红薯粥是简单平淡的代表。味道甜美的红薯，营养丰富而又易于消化，晶莹的大米粒粒清香，可在一定程度上缓解皮肤干燥，有很好的养生效果。二者混合熬制的红薯粥，含有丰富的碳水化合物、膳食纤维、钙、磷、铁和维生素 A、维生素 C 等，具有补血、活血、暖胃的功效。

材料 Ingredient

大米	150 克
红心红薯	150 克
黄心红薯	150 克
水	2000 毫升

调料 Seasoning

冰糖	15 克

做法 Recipe

❶ 两种红薯一起洗净，然后去皮切滚刀块备用。

❷ 大米洗净，泡水约 30 分钟后，沥干水分备用。

❸ 汤锅中倒入水煮沸，然后放入大米用中火煮至滚开，再放入处理好的红薯煮至滚开，改转小火加盖焖煮约 20 分钟，最后加入冰糖调味即可。

小贴士 Tips

✚ 红薯本身带有甜味，因此，不适合加太多糖调味。

✚ 如果红薯粥要加糖，那最好是冰糖，冰糖搭配红薯，别有一番香甜风味。

食材特点 Characteristics

红心红薯：又称红心地瓜，是老少皆宜的绿色食品，皮薄，肉质呈微红色，软糯香甜，入口滑腻，回味无穷。

黄心红薯：含有丰富的胡萝卜素，可以为人体补充体力，对脾胃也有很好的养护效果。

恰到好处的温暖：
大骨糙米粥

北方的冬天格外寒冷。屋外，呼啸的北风吹落枯叶，雪花纷纷扬扬从天上飘落下来；屋里，炉中的火苗燃烧着，水壶冒着热气，呼呼作响。人们围着炉火一边取暖、聊天，一边忙着手边的工作。如果这时来一碗大骨糙米粥，那新鲜的骨头高汤伴着糙米的香气。喝上一口便能驱散所有的寒冷，温暖的感觉片刻便蔓延全身。大骨和糙米的完美结合成为北方冬天里最温暖的故事。

材料 Ingredient

糙米	200 克
猪大骨	900 克
土豆	200 克
胡萝卜	150 克
姜片	2 片
葱花	少许
高汤	2500 毫升

调料 Seasoning

盐	5 克
鸡粉	少许
米酒	少许

做法 Recipe

❶ 将猪大骨洗净，放入滚水中氽烫至出现大量浮沫，然后倒出汤汁。

❷ 再次用水把猪大骨洗净备用。

❸ 糙米洗净沥干水分备用；将猪大骨放入汤锅中，加入高汤和糙米。

❹ 用中火煮至滚沸，稍微搅拌后改小火熬煮约40分钟。

❺ 胡萝卜、土豆洗净去皮后，切小块备用；加入处理好的胡萝卜块、土豆块改用中火煮至滚沸，再改转小火继续煮约30分钟，熄火加盖闷约15分钟，最后加入盐、鸡粉、米酒，再撒入葱花即可。

小贴士 Tips

✚ 猪大骨必须进行氽水处理，最好冷水下锅，这样可以把骨头内部的血块慢慢逼出，使骨头的去腥处理更彻底。

食材特点 Characteristics

糙米：含有丰富的维生素、矿物质与膳食纤维，能提高人体免疫力，促进血液循环，还可辅助治疗贫血。

猪大骨：含有丰富的蛋白质、脂肪、维生素、磷酸钙、骨胶原、骨黏蛋白等营养素，可补脾、润肠、养胃、生津，还有润泽肌肤、补中益气、养血健骨之效。

巧搭配更营养：
蔬菜粥

蔬菜与大米是原本毫不相干的两种食材，经过人们的精心熬煮，彼此融合在一起，可谓是"你中有我，我中有你"。这道粥中的蔬菜并没有固定不变的选择，往往根据季节就地取材，不同的食材搭配可以产生不同的味道。

材料 Ingredient

燕麦	100 克
大米	50 克
圆白菜	80 克
菜花	80 克
胡萝卜	30 克
黑木耳	30 克
鲜香菇	1 朵
高汤	1600 毫升

调料 Seasoning

盐	5 克
香油	少许

做法 Recipe

❶ 燕麦洗净，泡水约 4 小时后沥干；大米洗净沥干备用。

❷ 菜花洗净切小朵；胡萝卜洗净去皮后切片；黑木耳洗净切片；鲜香菇洗净去蒂后切丝；圆白菜剥下叶片，洗净切片。

❸ 将高汤放入汤锅中煮沸，加入燕麦和大米用中火煮至滚沸，稍微搅拌后改小火熬煮约 20 分钟，再加入做法 2 的材料改中火煮至滚沸，再改小火继续煮至熟透，最后加入盐、香油调味即可。

小贴士 Tips

➕ 根茎类蔬菜、菇类、圆白菜在熬煮之后，可以使粥的味道更鲜甜，熬煮的时间越长，口感越软。

➕ 蔬菜类的食材不宜煮得太久，否则会使蔬菜的营养成分流失。

食材特点 Characteristics

圆白菜：富含 B 族维生素、维生素 C、钾等营养物质，有补髓润脏、益力壮骨、抗菌消炎之效，对失眠多梦、耳目不聪、关节屈伸不利有良好的食疗效果。

菜花：含有蛋白质、脂肪、碳水化合物、食物纤维、维生素和钙、磷、铁等营养素，可抗癌防癌、清洁血管、解毒排毒，还可以消除水肿、改善便秘。

经典的魅力：

银耳莲子粥

　　银耳莲子粥是中国最传统的粥品之一。李时珍曾在《本草纲目》中写道："莲之味甘，气温而性涩，清芳之气，得稼穑之味。"而银耳又有益气清肠、滋阴润肺的作用。两者结合熬粥，口感浓甜润滑，还有润肺养胃、美容养颜的功效。因此，我们常说银耳和莲子是最佳搭档。

材料 Ingredient

大米	100 克
莲子	40 克
银耳	10 克
枸杞子	5 克
水	1500 毫升

调料 Seasoning

黄冰糖	20 克

做法 Recipe

❶ 银耳洗净，泡水约 30 分钟后沥干水分，撕成小朵。

❷ 莲子和大米一起洗净沥干水分；枸杞子洗净沥干。

❸ 汤锅中加入清水煮沸，把大米、莲子、银耳放入锅中，先用大火煮沸，再转至中火熬煮约 30 分钟，最后加入枸杞子和黄冰糖闷约 5 分钟即可。

小贴士 Tips

➕ 干银耳在食用时要注意去除掉根部的黄色部分，因为黄色部分用硫黄熏染过，如果食用，会危害身体健康。

➕ 黄冰糖含有更多的矿物质，粥里放黄冰糖，可增加粥的营养成分。

食材特点 Characteristics

莲子：性平，味甘、涩。可补益肾涩精、脾止泻、养心安神，常用于脾虚泄泻、带下、遗精、心悸失眠等症状。

银耳：含蛋白质、碳水化合物、脂肪、多种氨基酸、矿物质、B 族维生素等，具有滋阴养胃、益气和血、清热、润燥的功效。

生命的动力：
赤小豆荞麦粥

　　中医养生理论中的"五色养五脏"理论，是说自然界中不同颜色的食物，它们的养生保健功效各不相同，其中红色食物对心脏有益，而赤小豆就是很常见的红色食物。再加上营养丰富的荞麦，使得这道赤小豆荞麦粥不仅味道香甜可口，还具有很好的养生保健功效，经常食用，对人体健康有益。

材料 Ingredient

荞麦	80 克
大米	50 克
赤小豆	100 克
水	2500 毫升

调料 Seasoning

白糖	120 克

做法 Recipe

❶ 荞麦洗净，泡水约 3 小时后沥干水分备用。

❷ 赤小豆洗净，泡水约 6 小时后沥干水分备用。

❸ 大米洗净并沥干水分备用。

❹ 将做法 1、做法 2 的材料放入电饭锅，加入水拌匀，煮至开关跳起，继续闷约 5 分钟，再加入大米拌匀，再次煮至开关跳起，再闷约 5 分钟，加入白糖拌匀即可。

小贴士 Tips

⊕ 赤小豆耐煮，最好在煮粥之前对它进行处理，可用冷水浸泡或上锅蒸的方法，这样在熬粥的时候不仅可以节约时间，还可以使赤小豆的香甜口感更好地与粥融合在一起。

⊕ 糖是调味品，可根据喜好选择白糖、冰糖或冰糖，不同的糖有不同的口味。

食材特点 Characteristics

荞麦：含有丰富的膳食纤维、B 族维生素、磷、钙、铁、赖氨酸、氨基酸等，可起到降血压、降血糖、降血脂等作用。

赤小豆：含有蛋白质、脂肪、碳水化合物、粗纤维、钙、磷、铁、维生素 B_1、维生素 B_2 等，营养价值很高，深受人们喜爱。

美味面前何须矜持：

海苔碎牛肉粥

如果你喜欢肉类的粥品，那么这道美味的海苔碎牛肉粥一定会让你大呼过瘾。翠绿的海苔搭配洁白的米粒，视觉上已让人怦然心动。海苔的浓郁气息和碎牛肉的肉香进行了一次完美的结合，经过时间的沉淀，香浓的味道相互渗透，成就一份别样美味。面对这样一碗粥，你还能不心动吗？

材料 Ingredient

大米	80 克
碎牛肉	150 克
海苔	1 张
碎油条	20 克
姜末	20 克
葱花	20 克
水	1500 毫升

调料 Seasoning

盐	5 克
白胡椒粉	少许
香油	少许

做法 Recipe

❶ 海苔撕成小片备用；大米洗净沥干备用。

❷ 汤锅中放入清水煮沸，然后把大米放入锅中，先用大火煮沸，再转至中火煮约 30 分钟，再放入姜末、碎牛肉、海苔拌匀继续煮约 10 分钟。

❸ 最后加入盐、白胡椒粉、香油拌匀，盛入碗中，撒上葱花和碎油条即可。

小贴士 Tips

➕ 海苔是即食的，所以不用煮，最后撒上调味即可。

➕ 碎牛肉是熟制品，只要稍煮片刻就好。

食材特点 Characteristics

海苔：含有维生素 A、B 族维生素、维生素 C、维生素 E 以及钾、钙、镁、磷、铁、锌、铜、锰等多种营养素，可以有效帮助维持机体的酸碱平衡，并可以抗衰老。

生姜：含有蛋白质、膳食纤维、碳水化合物、B 族维生素、维生素 C 以及钾、钠、钙、镁、铁、锰、锌等矿物质，具有保护消化系统、抗氧化的作用。

海上生明月:

窝蛋牛肉粥

窝蛋牛肉粥是一道创意粥品，在传统牛肉粥的基础上，加了一个窝蛋，不仅美味营养，而且美观好看，创意十足。此粥还具有很高的养生价值，其中的牛肉不仅口感鲜嫩、润滑可口，还具有蛋白质含量高、脂肪含量低的特点，能够修复人体组织细胞、增强体力。

材料 Ingredient

米饭	200 克
碎牛肉	120 克
莴苣丝	60 克
鸡蛋	1 个
葱丝	5 克
姜丝	5 克
大骨高汤	700 毫升

调料 Seasoning

盐	5 克
白胡椒粉	少许
香油	少许

做法 Recipe

❶ 将米饭放入碗中，加入约 50 毫升的水，用大汤匙将米饭压散，备用。

❷ 取一锅，将大骨汤倒入锅中煮开，再放入压散的米饭，煮滚后转小火，继续煮约 5 分钟至米粒糊烂。

❸ 加入碎牛肉，并用大汤匙搅拌均匀，再煮约 1 分钟后，加入盐、白胡椒粉、香油拌匀。

❹ 取一碗，装入莴苣丝、葱丝及姜丝，再将煮好的牛肉粥倒入碗中，最后打入一个鸡蛋，食用时将鸡蛋与粥拌匀即可。

小贴士 Tips

➕ 用煮熟的米饭和熟制的碎牛肉煮粥，可以节省煮粥的时间。

➕ 窝蛋牛肉粥一定要趁热吃，凉了之后，不仅吃不出鸡蛋嫩滑的感觉，而且鸡蛋的腥味也会出来。

食材特点 Characteristics

牛肉:含有丰富的蛋白质、氨基酸等，能提高身体的免疫力，促进生长发育，同时对术后、病后需要调养的人非常有益。

鸡蛋: 含有蛋白质、脂肪、胆固醇、氨基酸以及钾、钠、镁等矿物质，是良好的健脑食品。

润物细无声：
西洋梨润喉粥

　　一听这道粥的名字，就知道这道粥具有润喉的作用。西洋梨含有非常丰富的碳水化合物等多种营养素，具有润肺凉心、消炎降火的功效。把西洋梨搭配大米进行熬粥，非常符合中医"润物细无声"的食疗效果，祛病而不伤正气，在享受美味的同时还能够进行养生，实在是一举两得。

材料 Ingredient

大米	80克
西洋梨	1个
银耳	20克
红枣	2颗
水	500毫升

调料 Seasoning

冰糖	适量

做法 Recipe

❶ 西洋梨洗净去皮，分切成8片；大米、红枣洗净备用；银耳泡水约10分钟至软，然后捞起分小块。

❷ 将大米和水放入砂锅中用大火煮至滚开后，转中火继续煮约10分钟，然后放入红枣和银耳煮至滚开，再煮约10分钟后，放入西洋梨片再煮约10分钟关火，最后放入冰糖加盖闷煮约5分钟即可。

小贴士 Tips

➕ 如果喜欢吃脆一点的银耳，熬煮的时间可以短一点；如果喜欢吃软糯一点的银耳，熬煮的时间可以稍长一点。

➕ 西洋梨易熟，可以最后放。

食材特点 Characteristics

西洋梨：含有丰富的水分、蛋白质、脂肪、碳水化合物以及多种维生素和矿物质，具有润肺止咳、清热去火、利尿消肿及醒酒、解疮毒的功效。

红枣：含有丰富的维生素，有"天然维生素丸"的美誉，还含有有机酸、蛋白质、氨基酸等多种营养素，具有养血安神、美容养颜、防癌抗癌、预防高血压等诸多功效。

图书在版编目（CIP）数据

享受吧，早午餐 / 杨桃美食编辑部主编 . -- 南京：
江苏凤凰科学技术出版社 , 2016.8
（含章·I厨房系列）
ISBN 978-7-5537-6203-6

Ⅰ . ①享… Ⅱ . ①杨… Ⅲ . ①食谱 Ⅳ .
① TS972.12

中国版本图书馆 CIP 数据核字 (2016) 第 047422 号

享受吧，早午餐

主　　　编	杨桃美食编辑部
责 任 编 辑	张远文　　葛　昀
责 任 监 制	曹叶平　　方　晨

出 版 发 行	凤凰出版传媒股份有限公司 江苏凤凰科学技术出版社
出版社地址	南京市湖南路 1 号 A 楼，邮编：210009
出版社网址	http://www.pspress.cn
经　　　销	凤凰出版传媒股份有限公司
印　　　刷	北京旭丰源印刷技术有限公司

开　　　本	718mm×1000mm　　1/16
印　　　张	13.5
字　　　数	200 000
版　　　次	2016年8月第1版
印　　　次	2016年8月第1次印刷

标 准 书 号	ISBN 978-7-5537-6203-6
定　　　价	39.80元

图书如有印装质量问题，可随时向我社出版科调换。